U0257805

只用一台面包机，不需其他器具辅助

就可以做出105道

面包、蛋糕、果酱、点心、主食、菜肴、汤煲……

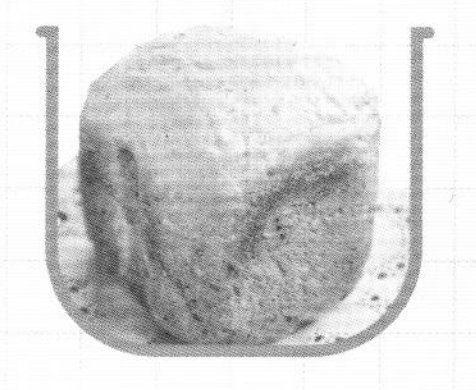

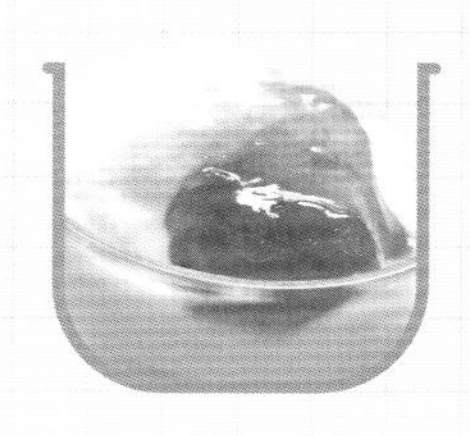

面包机新手

必备的第一本书

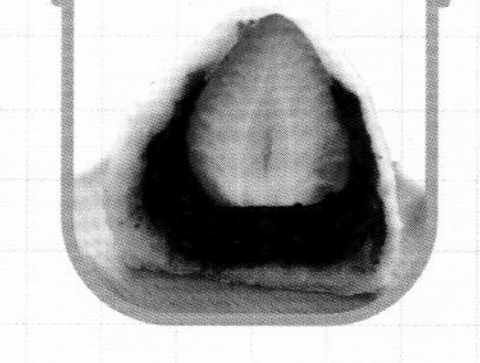

胡涓涓◎著

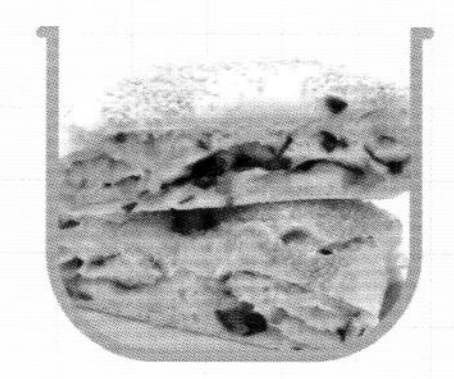

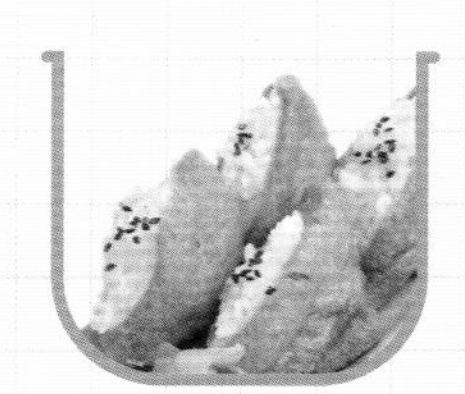

青岛出版社
QINGDAO PUBLISHING HOUSE

前言

享受面包机带来的无限惊喜

自从开始动手制作面包后，我就爱上自己亲手做带来的感动。但是身边很多朋友却碍于工作及时间不够，或是厨房空间太小而无法手工操作，更何况天气炎热时揉面、甩面团，动辄挥汗如雨。这种种原因促使我想完成这本食谱，让喜爱面包的朋友也能够轻松制作出属于家庭美味的现烤面包，做面包不再是遥不可及的事。即使习惯纯手工操作的我，也对面包机制作出来的成品感到惊喜。

面包机让做面包变得更简单方便，只要将材料称量完成，再按顺序放入面包机中，手指按下“开始”键，过程全由机器为你代劳，轻松等待就能够完成健康美味的家庭面包。甚至利用面包机预约的功能，早晨一起床就可以沉浸在面包香味中，迎接一天的开始。

自己做的面包可以依照家人口味量身打造，无添加的配方，健康的五谷及当季的蔬果自由自在地混合于面团中增加营养及色彩变化，制作出对身心有益的成品。面包方便食用，可以夹各种馅料做成三明治，不仅可以当作正餐，也能够作为午茶甜点或宵夜零食。虽然面包机做出来的成品形状固定，但是添加不同材料或以手工稍微加以整形，就能够带给成品不同的风貌。

香喷喷的美味面包出炉，或甜或咸，每一种口味都感受到现烤面包的神奇魅力。包装起来就是送给亲朋好友的最佳伴手礼，为你传递幸福的滋味。

但是面包机就只能够做面包吗？为了让面包机能够发挥更多功用，我开始了一连串实验的过程。那段时间里，家中的三餐、面食、甜点，无论中式西式都用面包机来制作，尽可能用面包机来完成家人喜欢的料理。没有想到直接用面包机就能够烹调出的餐点种类真是不少：煮白饭、炖汤、红烧，甚至意大利面、意式炖饭、中式米面点、蛋糕甜品，全都能一键完成。最重要的是成品美味可口，卖相又佳，若不说大概没有人会相信这些料理全都是由面包机独立制作完成的。

书中每一道食谱我都使用最简易的方式及材料，又科学安排了放入锅中的顺序，仔细计算了加热烘烤的时间。利用一些小技巧将繁琐的步骤简化，但成品却不会失去原来的风味，你会发现连复杂的西班牙海鲜炖饭都变得简单极了。当我使用面包机完成现烤的披萨时，老公及儿子都发出“哇”的一声惊叹，全家人开心地吃着香气诱人的成品，也对面包机的无限可能充满惊喜。

对于人口简单的小家庭或是单身在外租屋的学生或上班族，面包机应该是一个很实用的小家电设备。只要拥有一台面包机，一个人也可以调理出丰富多变的三餐，减少外食也让自己吃得更健康。家庭的厨房空间大多有限，如果能够妥善利用面包机，不需要买太多机器也能实现更多元的用途，让餐桌更丰富。

可能有人一时兴起买了一台面包机，但因为某些原因却没有再继续使用，而是早已束之高阁，希望因为这本书会让你将尘封已久的机器取出再加以利用；让家里的面包机发挥最大的功用，让面包机不再只是一台面包机。

烹饪真的是一件非常有趣的事，不光可以带来美味的食物，在制作过程中还可以释放繁重的工作或课业压力。即使是初习烹饪者，开始也许会不尽如人意，但只要多多尝试，一定可以煮出料想不到的美味。希望大家跟着这本食谱，充分利用家里的面包机，享受食物带来的美好与感动。

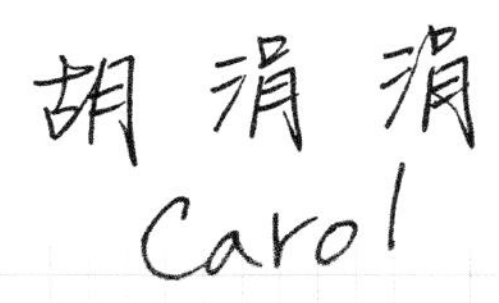

目录 Contents

第二篇
面包机之蛋糕篇

第三篇
面包机之美味小食篇

第五篇
面包机之菜肴篇

第六篇
面包机之汤煲篇

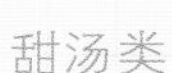

认识面包机

现今的面包机不只可以做面包，
有的甚至已经可以替代烤箱、锅具、炉具或小家电等，
制作各式各样的点心与料理。
但不管您选择使用哪一种，所有的器具在使用之前，
请务必仔细阅读说明书，才能确保安全与品质稳定。

面包机外观

面包机操作面板与显示屏幕

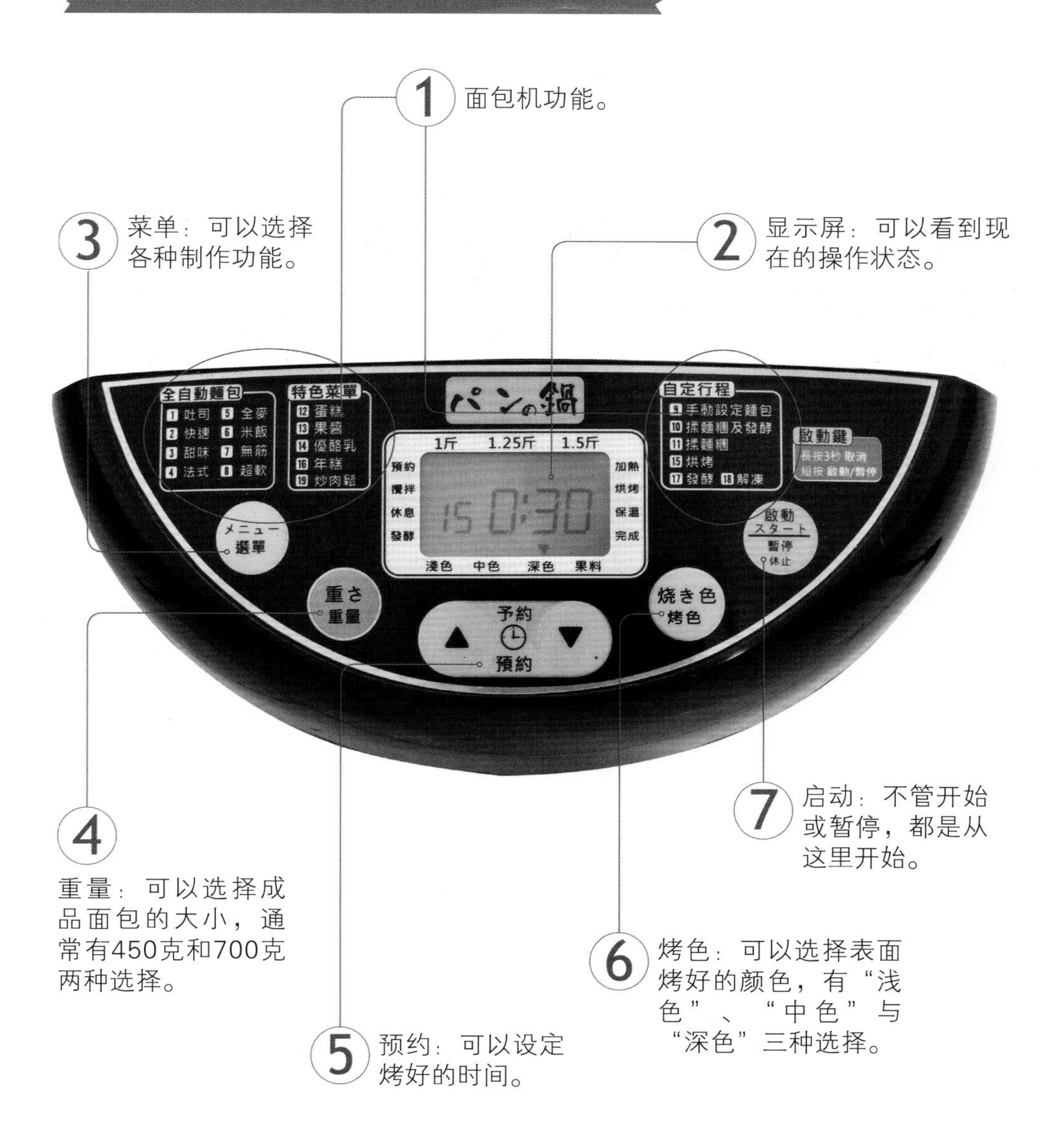

请注意：不同的面包机功能可能不一样，请先仔细阅读机器附带的使用说明书。

面包机的基本操作与注意事项

基本操作方法

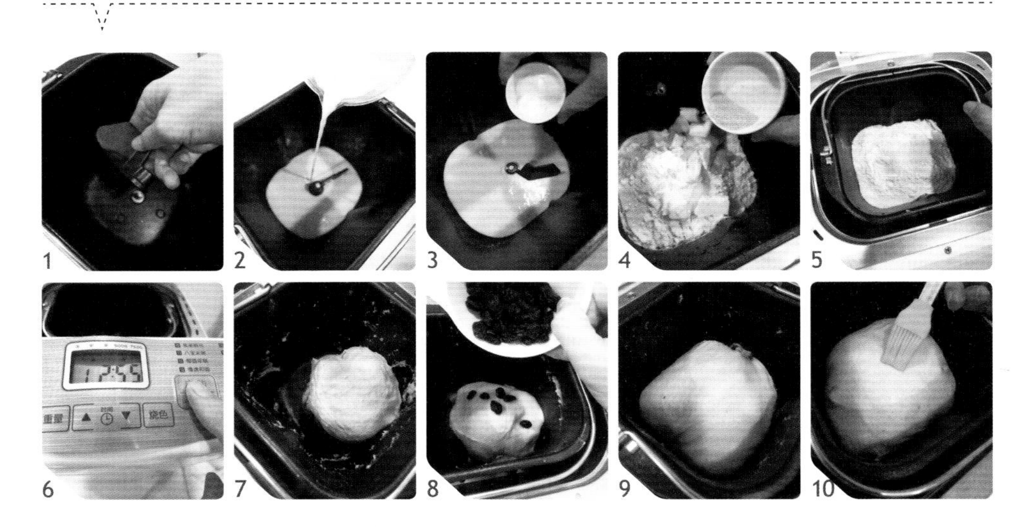

做法

1. 将面包机内锅的搅拌棒安装好。材料称量好。（图 1）
2. **按照液体（包括水、牛奶、豆浆、鸡蛋、燕麦糊、汤种面糊、米饭糊、液体油）→糖→盐（和糖分开，在内锅对角线放入）→面粉（包括高筋面粉、全麦面粉、燕麦片、杂粮粉、黑麦粉、无糖可可粉、小麦胚芽等）→黄油的顺序，将材料放入面包机内锅，在面粉上挖个坑，放入速发干酵母。**（图 2~4）
3. 将面包机内锅装回面包机中。（图 5）
4. 选择适当的行程、重量、烤色。（图 6）
5. 盖上面包机盖子，开始揉面。（图 7）
6. 若要添加果干等材料，请依照面包机设定时间提示，将果干、坚果等材料放入。（图 8）
7. 烘烤结束前 3 分钟 ~5 分钟时打开盖子，在面团表面刷上蛋液或铺放装饰材料等。（图 9~11）

小叮咛

✓若材料中糖的用量较多（大于等于面粉重量的 6%）时，烤色选择“浅”及“中”比较适合。

✓若使用液体油，则与液体材料一同放入；若使用黄油，应在开机搅拌约 15 分钟时放入。

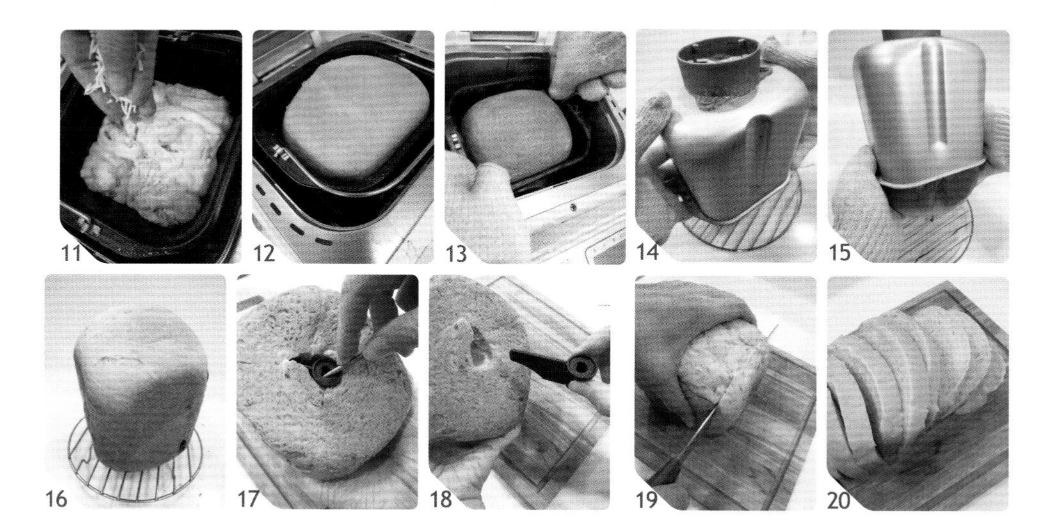

做法

8. 烘烤完成时，将盖子打开。（图 12）
9. 戴上手套，将面包机内锅取出。（图 13）
10. 面包机内锅锅口朝下，用力甩动几下，即可将面包倒出。（图 14、15）
11. 成品放置在铁网架上散热放凉。（图 16）
12. 完全冷却后，将成品底部搅拌棒取出。（图 17、18）
13. 使用面包专用锯齿刀，切成自己喜欢的大小。（图 19、20）
14. 如要保存，可装入食品保鲜袋中密封，再放入冰箱冷冻，可以保存比较长的时间，也较好地保湿。吃之前在密封状态下使其自然回温后再加热，口感跟刚出炉时几乎一样好。

注意事项

1. 重量请配合各家面包机规格，自行将分量乘以适当倍数。此食谱可做 500g 吐司，若要做 750g 吐司，将材料的量直接乘 1.5 倍即可。
2. 外界温度不同时，配方和操作也要相应调整：
   （1）夏天气温超过25℃时，若搅拌面团过程中，发现面团变得过于湿黏或呈现瘫软状，建议将配方中的液体改为冰的，或是减少 5~10 克，而且行程不要选择超过 3 小时。
   （2）材料若从冰箱取出，请先回温到室温，食材温度太低会影响发酵。
3. 各品牌酵母活力不同，若做出的成品体积偏小又紧实，速发干酵母可以酌量多加一点儿。
4. 各品牌面粉蛋白质含量有差异，就会影响整体吸水率。若做出的成品太干，可以酌量多加一点儿液体；若做出的成品太湿黏，液体可以酌量减少。
5. 本书食谱中的无盐黄油及液体植物油都可以依照个人需求互相取代。调味料分量仅供参考，可依个人口味斟酌调整。
6. 刚开始操作时，请仔细记录材料用量及面包机各行程时间，依照情况在下次操作时做适当调整，就可以做出适合自己口味的成品。

使用面包机的其他注意事项

依照本书操作的料理所使用的面包机，
必须有“自订行程”功能，
在操作上有一些重点需特别注意。

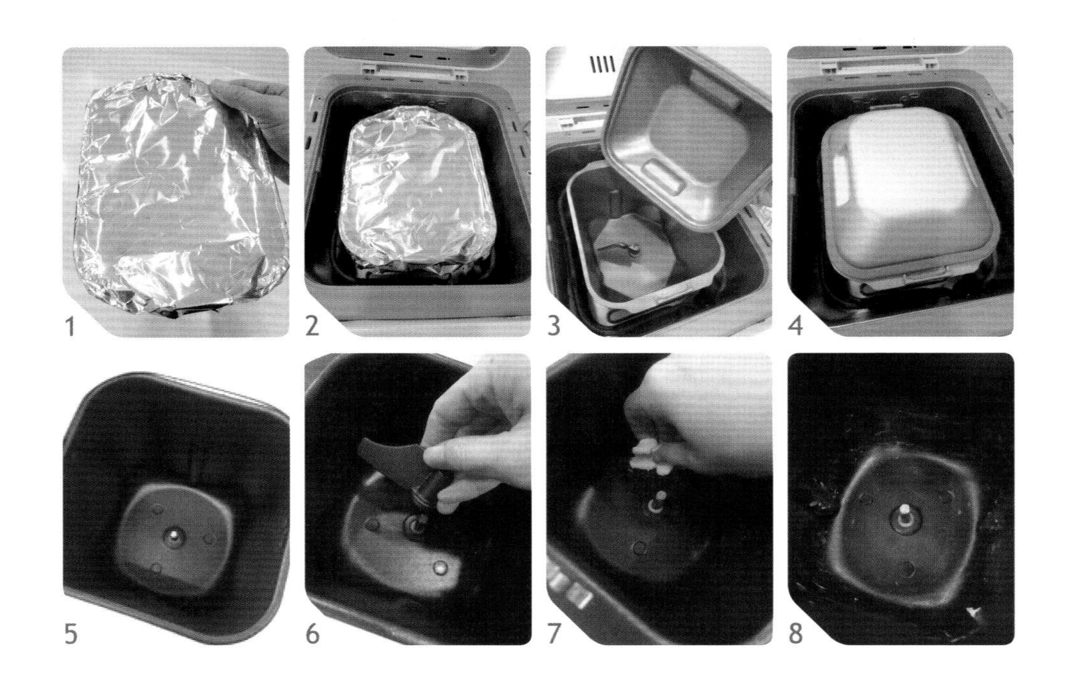

1. 所有材料在料理前要先回温到室温，能够节省加热时间，也比较容易烹煮透。
2. 蒸及焖煮的料理要在面包机表面覆盖一层铝箔纸，在加热过程中才不会散热，食材也容易熟透。有一些面包机本身就有内盖，则可以省去包覆铝箔纸的步骤。（图1~4）
3. 未使用到搅拌功能的料理，使用前，请先将内锅搅拌棒取下。（图5）
4. 使用到搅拌功能的料理，使用前，请先装上内锅搅拌棒。（图6）
5. 烘烤蛋糕时，请预先在内锅中均匀涂抹一层黄油，以便成品顺利脱模。（图7、8）

6. 蒸烤米制糕点时，请预先在内锅中均匀涂抹一层液体植物油，以便成品顺利脱模。（图 9）
7. 面包机内锅都是防粘材质，为避免刮伤内锅，混合或舀取材料时，请使用木铲或是硅胶刮刀。（图 10、11）
8. 制作底部较松散的成品时，可以在内锅中铺一层铝箔纸，以便将成品移出。（图 12）
9. 制作馒头、包子等发面成品时，为了避免成品过干，烘烤前必须加入水，并包覆铝箔纸，以焖蒸的方式加热。（图 13）
10. 制作发酵食品时，内锅请先使用沸水烫过消毒。（图 14）
11. 烘烤加热完成时，内锅会非常烫，务必戴手套防止烫伤。（图 15）
12. 成品完成要倒出时，戴手套在内锅四周拍打，可以顺利脱模。（图 16）
13. 面包机烤色设定与加热温度有关，请自行依照实际状况调整。
14. 每一台面包机温度设定皆有差异，加热时间请自行依照实际状况调整。
15. 面包机果酱行程比较适合加工较干的材料（如制作鱼松、肉松等），加工水分多的材料容易喷溅，所以煮果酱可以不要用搅拌功能，直接使用烘烤加热行程，将水分煮干即变浓稠。
16. 书中食谱大多是 2~3 人份，若要多做可以自行加倍。但材料增加，加热时间也必须增加。
17. 书中调味请依照个人口味自行调整。

工具图鉴及说明

电子秤

能准确地将材料称量好。称量的时候要将装材料的盆子重量扣除。

电子秤最小可以称量到0.1克，一般磅秤最小可以称量到10克。

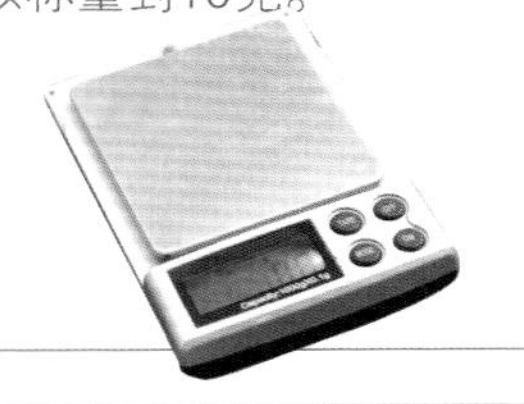

量杯

量杯在计算液体材料时使用。材质为耐热玻璃为佳，可以微波加温使用的更为方便。

量匙

舀取少量材料很方便。一般量匙有4支：1大匙（15毫升）；1茶匙（5毫升）；1/2茶匙（2.5毫升）；1/4茶匙（1.25毫升）。使用量匙可以多舀取一些，然后再用小刀或汤匙背刮平为准。

手提电动打蛋器

可以代替手动打蛋器，操作更省力。通常会附网状及螺旋状两组搅拌棒。网状搅拌棒可以混合稀面糊，例如蛋白霜打发、全蛋打发以及糖、油、面粉拌合等；螺旋状搅拌棒可以搅拌较硬的饼干面团。

打蛋器

简单的搅拌工具，网状钢丝头非常容易将材料搅拌起泡或是混合均匀。

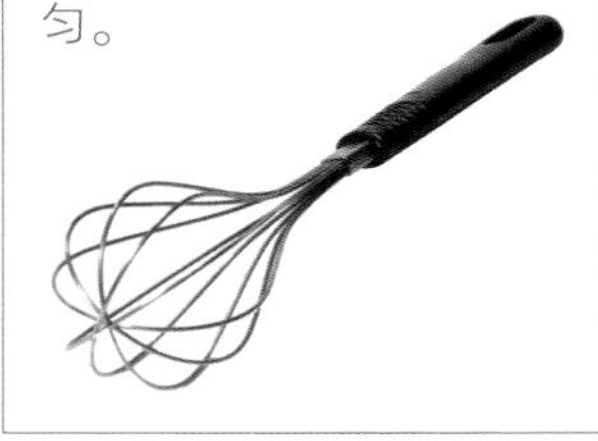

不锈钢盆

可以准备直径30厘米大型钢盆1个，直径20厘米中型钢盆2个，材质为不锈钢，耐用且易清洗。底部必须要圆弧形，操作搅打时才不会有死角。

计时器

随时提醒制作及烘烤时间，可以准备两个以上，使用上更有弹性。

分蛋器

快速有效地将蛋白与蛋黄分离，避免蛋白沾到蛋黄。

筛网

将粉类或蛋液过筛可以减少结块，也可以在成品上撒糖粉时使用。

橡皮刮刀

用于面糊搅拌，或用于将钢盆中的材料刮取干净。软硬适中的材质比较容易操作。

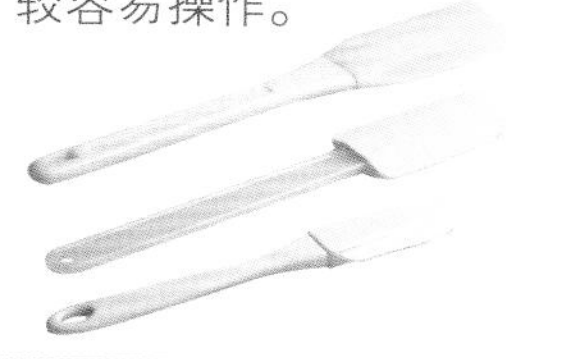

擀面棍

将面团擀压成片状或适合的形状。粗细各准备一支，方便大小不同的面团使用。

刮板

底部圆角状最好，用于均匀切拌黄油及面粉。可以沿着钢盆底部将材料均匀刮起。平的一面可以当面团切板或用于抹平蛋糕面糊。

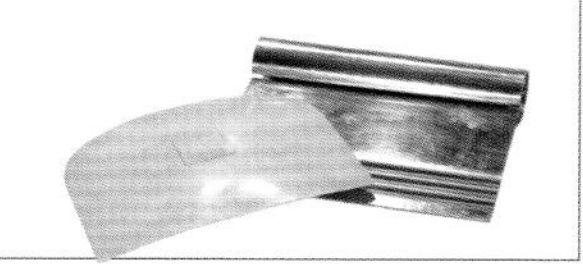

刷子

有软毛及硅胶两种材质，硅胶材质较易清洁保存。常用于在成品表面刷糖浆、蛋液等或涂抹内锅黄油。

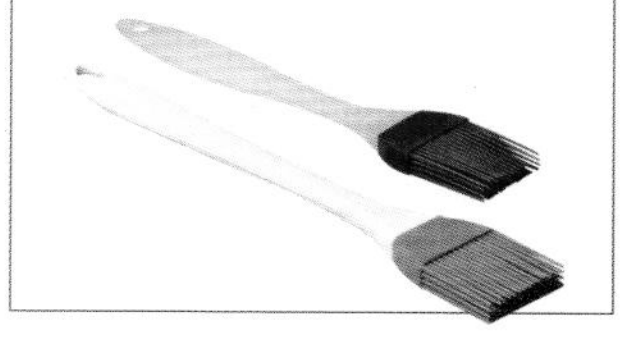

木铲

长时间熬煮材料时使用，木质不易导热，不会烫伤人，也不会刮伤内锅防粘材料层。

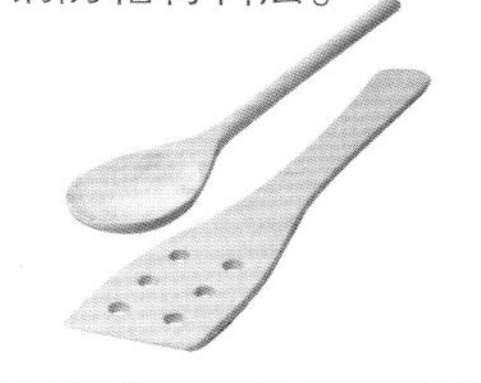

抹刀

将鲜奶油、巧克力酱等装饰材料涂抹在蛋糕表面或涂抹蛋糕卷夹馅使用。

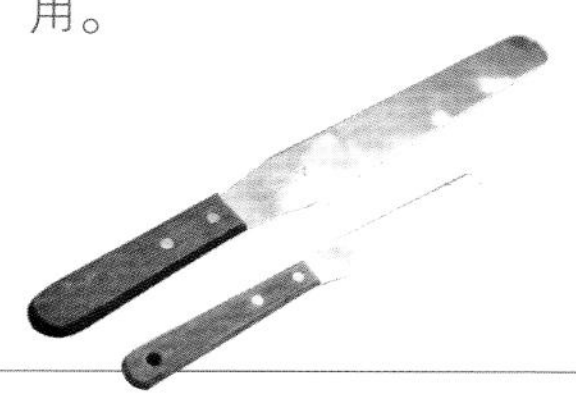

铝箔纸

包覆内锅表面等以避免热气散失。

厚手套

拿取内锅时使用，材质选择厚一点才可以避免烫伤。

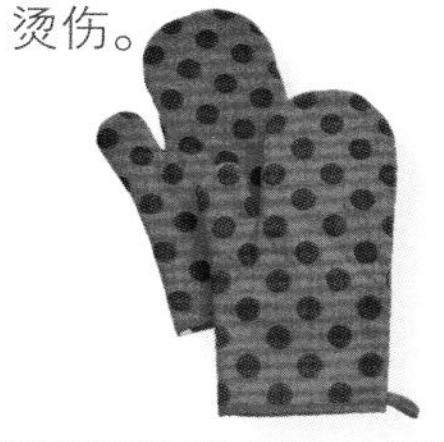

铁网架

成品烤好脱模之后，要置于网架上散热放凉。

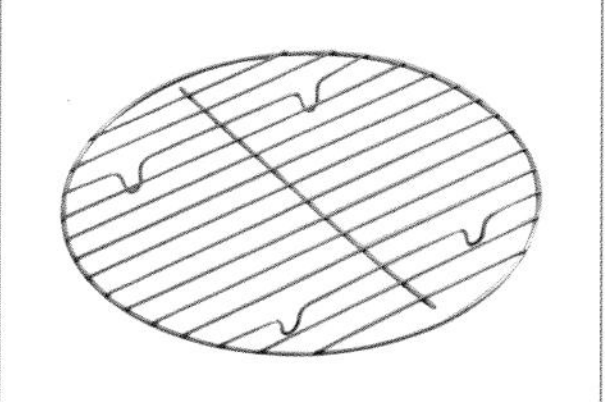

温度计

煮水测量温度时使用。

竹签

测试蛋糕中心是否烤熟，以竹签插入蛋糕中心，抽出后看到没有粘上面糊即可。

材料图鉴

低筋面粉

蛋白质含量5%~8%，面粉筋性最低，适合做饼干、蛋糕等口感酥松的食品。

中筋面粉

筋性适中，蛋白质含量中等，为10%~11.5%，酥皮类面团使用，可以增加筋度和弹性。

高筋面粉

蛋白质含量最高，在11%~13%，适合做面包、油条等。高筋面粉中的蛋白质会因为搓揉甩打而慢慢连结成链状，经由酵母产生二氧化碳而使得面筋膨胀形成面包独特松软的气孔。

太白粉

太白粉是用树薯粉制成的，没有筋性，一般在料理中比较常用于勾芡。添加在甜点中可以制造特殊口感，成品酥、松、脆。

在来米粉

也叫粘米粉，是用籼米加工成的米粉，不具黏性和筋性，较松散，适合制作萝卜糕、河粉等产品。糕点中适量添加可以降低整体筋性，使成品更酥松。

细砂糖

精致度较高，颗粒大小适宜，在材料中可以快速溶解均匀，具有清爽的甜味，最适合做西点烘焙。

鸡蛋

鸡蛋是蛋糕点心中非常重要的材料，可以增加成品的色泽及味道。蛋黄具有乳化、柔软成品的作用，不论是全蛋或蛋白都可以经由搅打帮助蛋糕组织体积膨大。一颗全蛋约含75%的水分，一颗鸡蛋净重约50~55克，蛋黄约占整颗鸡蛋重量的33%，所以蛋黄大约是17克，蛋白是33克。

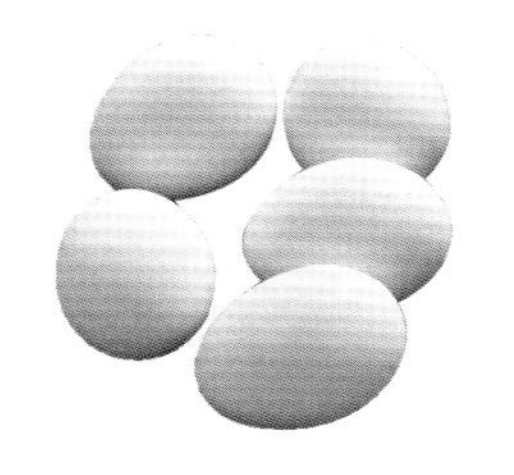

二砂糖

含有少量矿物质及有机物，因此带有淡淡的褐色。但因为颗粒较粗，若要添加在甜点中，必须提前加入配方中的液体材料中溶化。

黑糖

是一种没有经过精制的粗糖，风味特殊，矿物质含量更多，颜色很深，呈现深咖啡色。

糖粉

将细砂糖磨成更细的粉末状即成，适合口感更细致的点心。可以快速溶化在材料中，口感更细致，若其中添加适量淀粉则可以作为蛋糕装饰使用。不怕潮湿。

蜂蜜

是昆虫蜜蜂从开花植物的花中采得的花蜜，用于烘培中，可以增加特殊风味。

无盐黄油＆有盐黄油

一种动物性油脂，用牛乳中的脂肪提炼制成，分为无盐及有盐两种。甜点大多使用无盐黄油，但是特殊口味会使用含盐黄油制作，可以降低甜腻感。

牛奶

牛奶可以代替清水，增加成品香气及口味。配方中的牛奶都可以依照自己喜好使用鲜奶或奶粉冲泡，全脂或低脂都随意，如果使用奶粉冲泡，比例约是90毫升水加10克奶粉等量于100毫升牛奶。最好是使用室温牛奶，才不影响烘烤温度。

奶油乳酪

用全脂牛奶提炼制成，脂肪含量高，属于天然，未经熟成的新鲜芝士。质地松软，奶味香醇，是最适合做甜点的乳酪。

动物性鲜奶油

用牛奶提炼制成，口感比植物性鲜奶油更佳，适合加热使用，打发的时候需要另外添加细砂糖才有甜味。还可以用于做白酱、浓汤等料理中。鲜奶油开封后要密封放冰箱冷藏，开口部分要保持干净，使用完马上放冰箱，可以延长保存期限。不可以冷冻，否则会造成油水分离而无法打发。

液体植物油

属于流质类的油脂，不含胆固醇，大豆油、玉米油、橄榄油、葡萄籽油或芥花油等，都属于此类油脂。

水果干

常用的有蔓越莓、杏干、桂圆干、葡萄干、无花果干等。是将天然水果干燥制成的，容易受潮，因此放冰箱冷藏保存为好。

无糖纯可可粉

巧克力豆去除可可脂后，剩余的材料磨成粉即成。这种可可粉适合在制作糕点时使用。

巧克力砖

适合化成液体后添加在甜点中，增加味道或装饰使用。加热时，温度不可以超过50℃且时间不宜过久，以免巧克力油脂分离失去光泽。

大杏仁粉

大杏仁在西点中使用的机会很多，其与中式南北杏不同，不会有特殊强烈的气味。大杏仁带有浓厚的坚果香，很适合添加在糕点中增加风味，磨成粉状后适合添加在蛋糕、饼干中增加酥松感，也是做马卡龙的重要材料。大杏仁粉要放冷藏保存。

帕马森芝士粉

帕马森芝士原产于意大利，是一种硬质陈年芝士，蛋白质含量丰富且含水量低，可以长时间保存。帕马森芝士粉添加在甜点中可以调整甜度，并增加特别的风味。

坚果

常用核桃、胡桃、杏仁等坚果类。购买的时候注意保存期限，买回家必须放在冰箱冷冻室保存，避免产生哈喇味。

意大利综合香草

包括罗勒、茴香、熏衣草、马郁兰、迷迭香、鼠尾草、风轮菜、百里香、牛至等香草植物的干燥品，香气很特别。

干燥巴西利

巴西利是一种香草植物，也称为荷兰芹或洋香芹，是很多西式料理不可缺少的重要调味料，也很适合直接入菜调理或表面装饰使用。除了芬芳特殊的香味，翠绿的色泽也增加画龙点睛的效果。

月桂叶

将月桂树的叶子干燥制成，有着独特芳香味道，适合焖、炖等西式料理。

海苔粉

天然干燥的海苔研磨制作而成，可用以增加菜肴风味、煎饼烧、水煎包、章鱼烧等的调味蘸料、撒料等，增加自然的海风味。

黄豆粉

将熟黄豆干燥状态下磨成粉而成，成品有一种特别的香味。

红枣

干燥红枣味道鲜甜，含有丰富的维生素，适合熬煮成甜馅。

长糯米

长糯米外型细长，色泽发白，有清香味及较淡的甜味，其口感软黏、较有弹性，适合做肉粽、米糕、饭团、珍珠丸子等餐点。

圆糯米

圆糯米外型圆而短，色泽发白，常被用来做甜食，例如麻薯、八宝饭、汤圆等。

米曲菌

米曲菌是一种带有菌丝的真菌与霉菌，在中国与日本料理中经常被用来发酵大豆，制作酱油、味噌与甜面酱等调味品。

酒曲菌

酿酒发酵使用的曲菌。

薏米

也叫薏仁米、苡仁、苡米，味甘、微寒，可以利肠胃、消水肿，久服可以轻身益气。

去壳绿豆仁

绿豆去壳所得，容易煮熟，口感也较好。

红豆

红豆是豆科、蝶形花亚科豇豆属植物，为常见的食材之一，亦被称为小豆、赤豆。红豆含有丰富的铁质，可以补血、促进血液循环、强化体力、增加抵抗力，使人气色红润。

绿豆

绿豆是一种豆科、蝶形花亚科豇豆属植物。味甘性凉，有清热去火的功效。

大麦仁

大麦俗称三月黄，禾本科植物，是一种高蛋白质谷物。

速发干酵母

是天然酵母干燥制成的。揉至面团中后会吸收营养、释放二氧化碳，从而使得面团膨胀，产生特殊风味，是制作面包、馒头、包子的重要材料。

姜黄粉

姜黄为姜科姜黄属植物，将其深黄色根茎研磨制成姜黄粉，是咖喱的主要香料之一，尝起来味苦而辛，带点泥土味。除食用外，它还具有保健功效。

蓝姆酒

是用甘蔗作为原料酿制的酒，有味道微甜，风味清淡典雅，非常适合添加于糕点中。

Breads

第一篇

面包机之面包篇

杂粮五谷富含纤维素，营养丰富，
加入面团中一起混合，
除了让面包风味更特别外，还可以
同时摄取到纤维质及维生素，
让人天天吃都不腻。

牛奶吐司面包

纯净的牛奶吐司，
献给家人最好的爱！

分量

约 450 克

材料

牛奶 170 克
细砂糖 15 克
盐 2.5 克
高筋面粉 250 克
无盐黄油 15 克
速发干酵母 2 克
（约 1/2 茶匙）
（图 1）

1

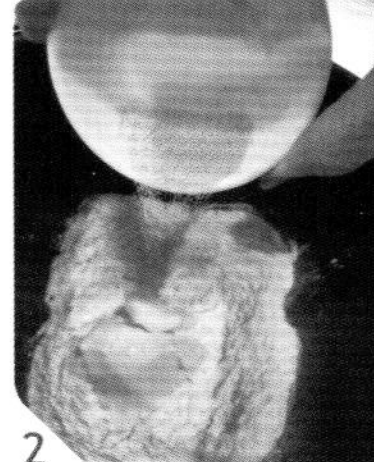
2

3

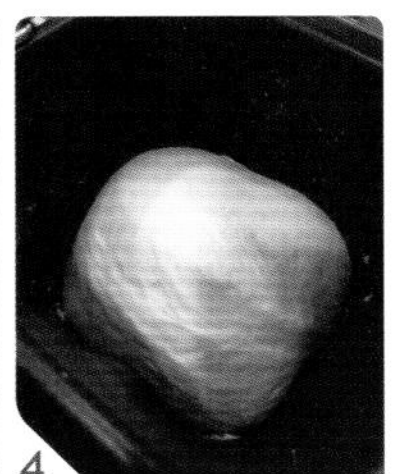
4

5

做法

1. 将面包机内锅的搅拌棒安装好；材料按顺序放入面包机内锅中。（图 2）
2. 材料按顺序放入面包机内锅中，选择合适的行程，按下“开始”键。（图 3、4）
3. 烘烤时间到，将面包倒出，放在铁网架上放凉，等完全凉透再切片。（图 5、6）

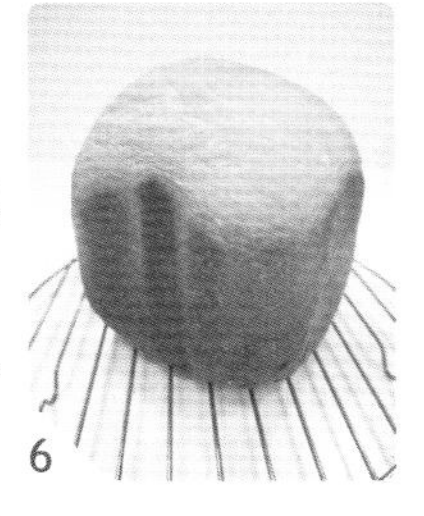
6

鸡蛋吐司面包

鸡蛋代替大部分的液体，
做好的吐司蛋香浓郁！

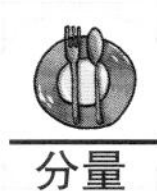
分量

约 460 克

材料

冷水 65 克
液体植物油 25 克
鸡蛋 2 个
（净重约 100 克）
细砂糖 20 克
盐 1.3 克（约 1/4 茶匙）
高筋面粉 250 克
速发干酵母 2 克
（约 1/2 茶匙）（图 1）

1

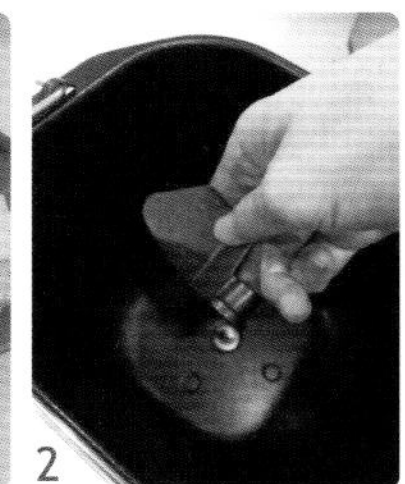
2

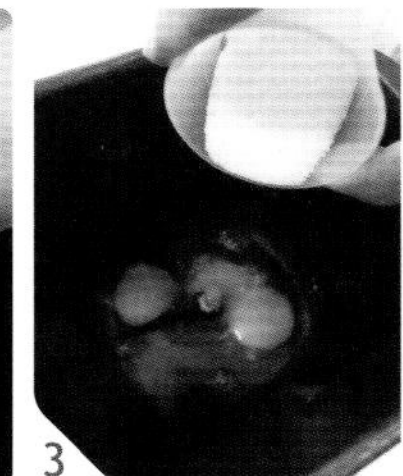
3

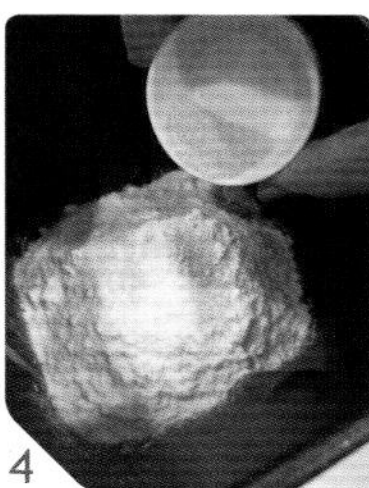
4

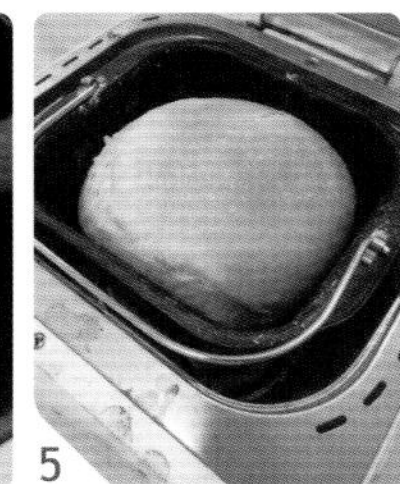
5

做法

1. 将面包机内锅的搅拌棒安装好。（图 2）
2. 材料按顺序放入面包机内锅中，选择合适的行程，按下“开始”键。（图 3、4）
3. 烘烤时间到，将面包倒出，放在铁网架上放凉，等完全凉透再切片。（图 5、6）

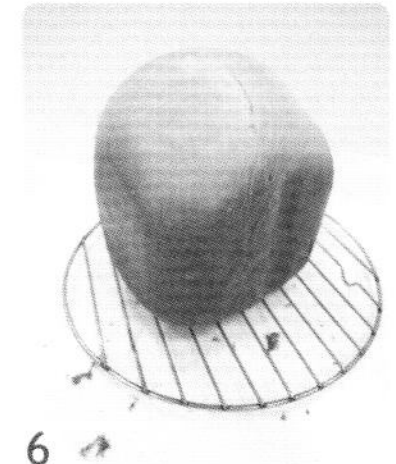
6

庞多米吐司

单纯的麦香，
简单的滋味，
这就是自家面包的魅力！

分量

约

505 克

材料

温水 180 克　麦芽糖 30 克　无盐黄油 15 克
盐 2.5 克（约 1/2 茶匙）　高筋面粉 280 克
速发干酵母 2 克（约 1/2 茶匙）（图 1）

小叮咛

√麦芽糖可以使用 20 克蜂蜜代替。

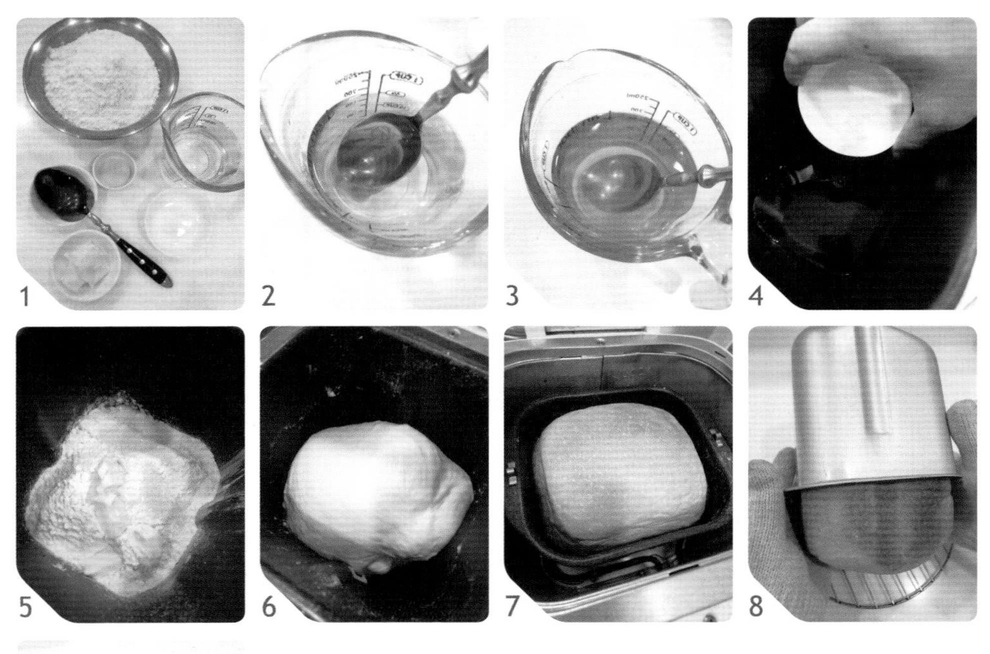

做法

1. 麦芽糖加入 180 克温水搅拌均匀，溶化后放凉。（图 2、3）
2. 将搅拌棒装好，参考面包机说明书或本书 p.12 红色文字部分，将麦芽糖水及其他材料依次放入面包机内锅中。（图 4、5）
3. 选择合适的行程，按下“开始”键。（图 6）
4. 烘烤时间到，将面包倒出，放在铁网架上放凉。（图 7、8）
5. 等完全凉透再切片。（图 9）

杂粮面包

简单质朴的味道，
越嚼越香！

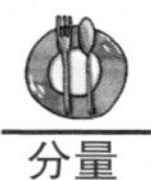
分量

约 455 克

材料

冷水 165 克
细砂糖 15 克
盐 2.5 克（约 1/2 茶匙）
高筋面粉 230 克
杂粮粉 20 克
无盐黄油 25 克
速发干酵母 2 克
（约 1/2 茶匙）（图 1）

1

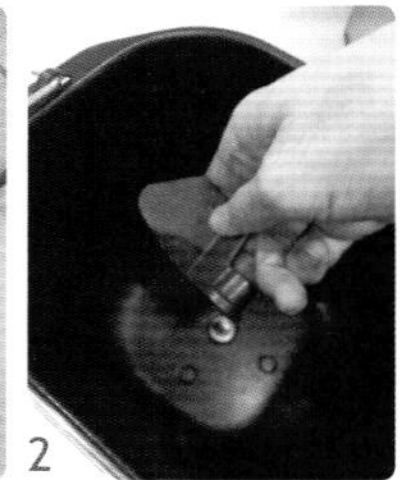
2

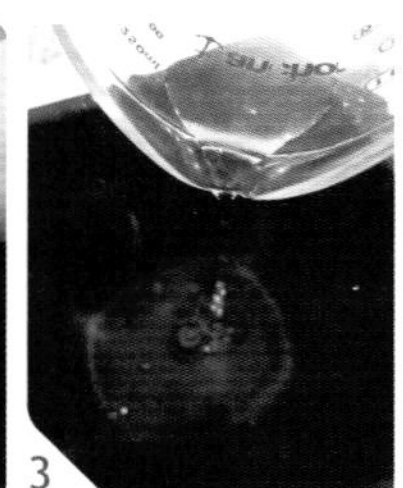
3

4

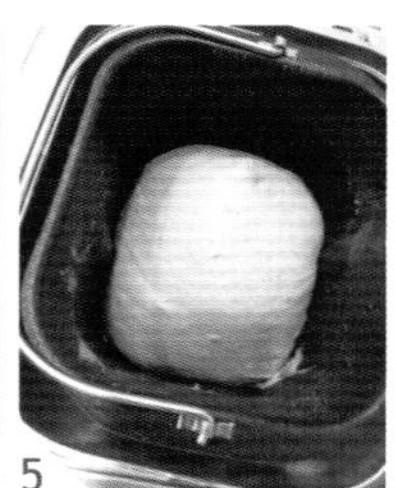
5

做 法

1. 将面包机内锅的搅拌棒安装好。（图 2）
2. 材料按顺序放入面包机内锅中。（图 3、4）
3. 选择合适的行程，按下“开始”键。（图 5）
4. 烘烤时间到，将面包倒出，放在铁网架上放凉，等完全凉透再切片。（图 6、7）

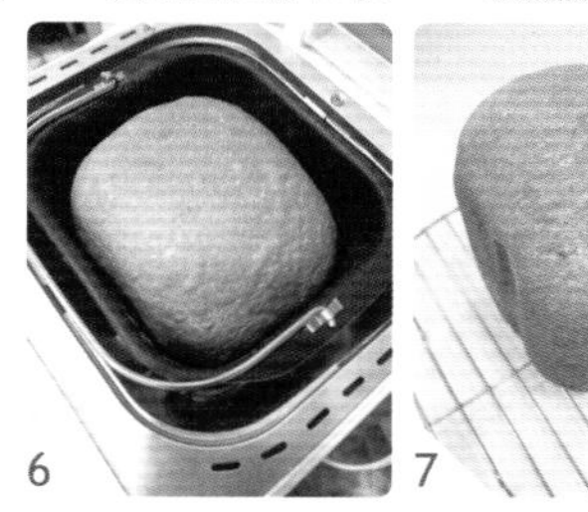
6 7

燕麦汤种面包

充满奶油香气，
最适合做三明治！

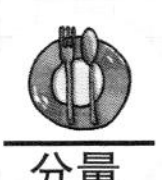

分量

约 510 克

材料

汤种面糊：
高筋面粉 17 克
冷水 85 克
主面：冷水 100 克
汤种面糊约 90 克
液体植物油 20 克
黑糖蜜 20 克
高筋面粉 250 克
盐 1.3 克（约 1/4 茶匙）
即食燕麦片 30 克
速发干酵母 2.5 克（图 1）

做法

1. 将面包机内锅搅拌棒安装好。（图 2）
2. 材料按顺序放入面包机内锅中。（图 3）
3. 选择合适的行程，按下“开始”键。（图 4）
4. 烘烤时间到，将面包倒出，放在铁网架上放凉。（图 5）
5. 等完全凉透再切片。（图 6）

小叮咛

✓黑糖蜜的做法：黑糖 100 克加水 50 克，小火熬煮至沸腾，待黑糖完全溶化即可关火，装瓶中，放冰箱冷藏，可保存 3~4 个月。

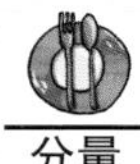

分量

约

490克

材料

燕麦糊：即食燕麦片 20 克　沸水 100 克

主面：燕麦糊全部（约 120 克）　冷水 75 克　细砂糖 15 克

盐 3 克（约 3/4 茶匙）　高筋面粉 250 克　无盐黄油 25 克

速发干酵母 2 克（约 1/2 茶匙）（图 1）

燕麦面包

燕麦片有着高纤易饱足的特性，
好吃的燕麦面包是早餐的好搭档。

做法

1. 将即食燕麦片加沸水混合均匀，盖上盖子，焖15分钟至即食燕麦片软烂，放凉备用。（图2、3）
2. 无盐黄油回温至用手可以按出小坑，切成小块。（图4）
3. 将面包机内锅的搅拌棒安装好，参考面包机说明书，按顺序将燕麦糊及其他材料放入。（图5、6）
4. 内锅放回面包机中装好。选择合适的行程、重量、烤色，按下“开始”键。（图7）
5. 等待揉面、发酵、烘烤。（图8）
6. 完成后将面包倒出，放在铁网架上放凉。（图9、10）
7. 等完全凉透后，再切成自己喜欢的大小。（图11）

杂粮面包

亚麻南瓜子面包

自己做的面包就是这么吸引人，
烘烤时满屋子的面包香好幸福！

分量

约 495 克

材料

牛奶 170 克　细砂糖 15 克　盐 2.5 克（约 1/2 茶匙）
高筋面粉 230 克　全麦面粉 20 克　无盐黄油 25 克
速发干酵母 2 克（约 1/2 茶匙）
南瓜子 20 克　亚麻籽 15 克（图 1）

小叮咛

✓南瓜子及亚麻籽可用其他坚果代替。

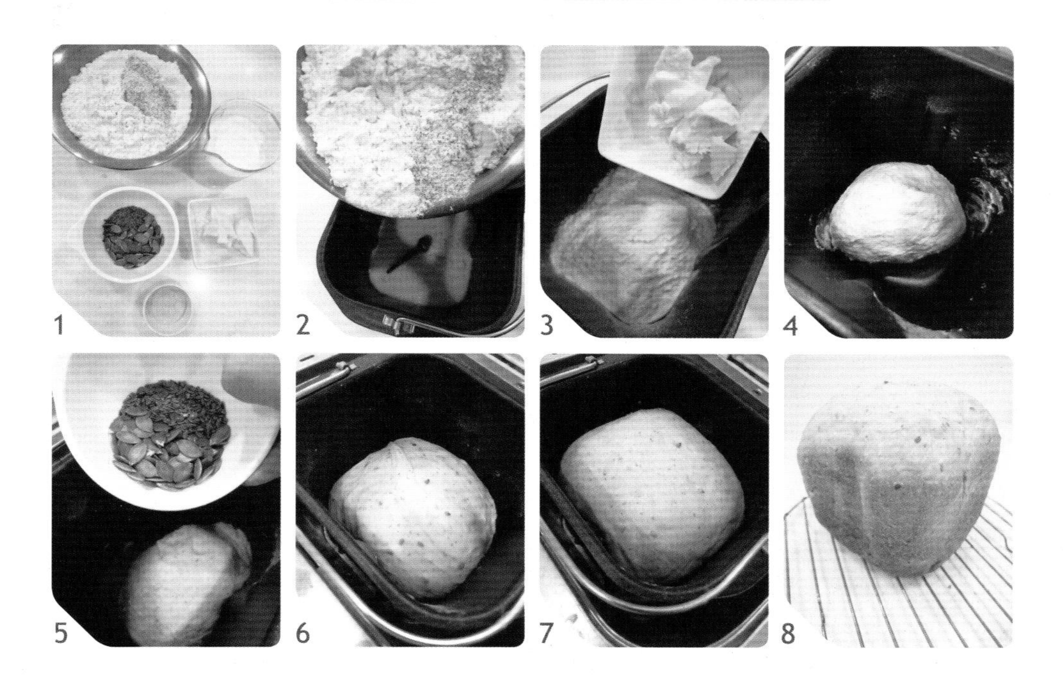

做法

1. 材料按顺序放入面包机内锅中（南瓜子、亚麻籽除外），选择合适的行程，按下“开始”键。（图 2、3）
2. 在材料揉成团状时按下“暂停”键，加入南瓜子及亚麻籽，再按下“开始”键继续揉面。若面包机带有果料盒，可直接放入盒中。（图 4~6）
3. 烘烤完成后将面包倒出，放在铁网架上放凉。（图 7）
4. 放凉的面包可以切片后夹入小黄瓜、火腿及番茄，就是三明治。（图 8）

杂粮面包

分量

约

510克

材料

牛奶 160 克　蜂蜜 20 克　细砂糖 5 克　盐 1.3 克（约 1/4 茶匙）
高筋面粉 200 克　全麦面粉 50 克　无盐黄油 25 克
速发干酵母 2.5 克（约 3/4 茶匙）（图 1）

全麦蜂蜜面包

此款面包最适合做成三明治，
或甜或咸任君选择。

做法

1. 无盐黄油回温至用手可以按出小坑，切成小块。（图 2）
2. 将面包机内锅的搅拌棒安装好。（图 4、5）
3. 参考面包机说明书，按顺序将材料放入内锅。（图 6）
4. 内锅放回面包机中装好。（图 7）
5. 选择合适的行程、重量、烤色，按下“开始”键，等待揉面、发酵、烘烤。（图 8）
6. 完成后将面包倒出，放在铁网架上放凉。（图 9~10）
7. 完全凉透后，再切成自己喜欢的大小。（图 11）

豆浆芝麻面包

好香好香的现烤面包，
我要跟好朋友一块儿分享！

分量

约 470 克

材料

豆浆 170 克
液体植物油 15 克
细砂糖 20 克
盐 1.3 克（约 1/4 茶匙）
高筋面粉 250 克
熟黑芝麻 2 大匙（约 15 克）
速发干酵母 2 克
（约 1/2 茶匙）（图 1）

1

2

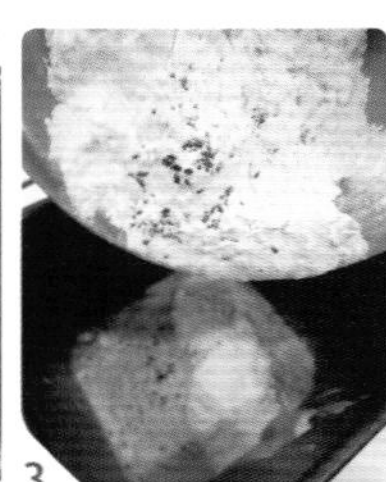
3

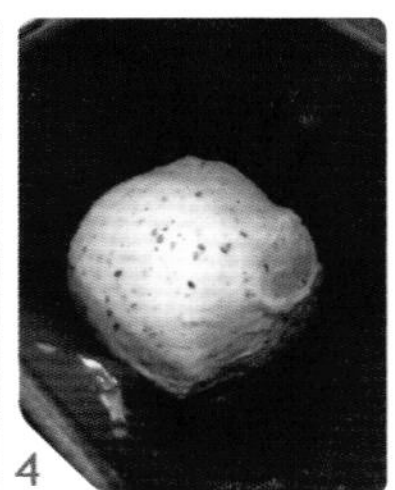
4

5

6

做法

1. 将面包机内锅的搅拌棒安装好。材料称量好，按顺序放入面包机内锅中。（图 2、3）
2. 选择合适的行程，按下“开始”键。（图 4）
3. 烘烤时间到，将面包倒出，放在铁网架上放凉，等完全凉透再切片。（图 5、6）

豆浆核桃面包

黄豆含有丰富的大豆卵磷脂，添加在面包中，可以让面包更柔软，增加保湿功能。

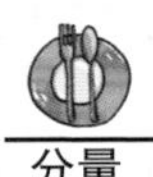

约 495 克

豆浆 170 克
液体植物油 20 克
细砂糖 15 克
盐 2.5 克（约 1/2 茶匙）
高筋面粉 230 克
全麦面粉 20 克
速发干酵母 2 克
（约 1/2 茶匙）
核桃 40 克（图 1）

1

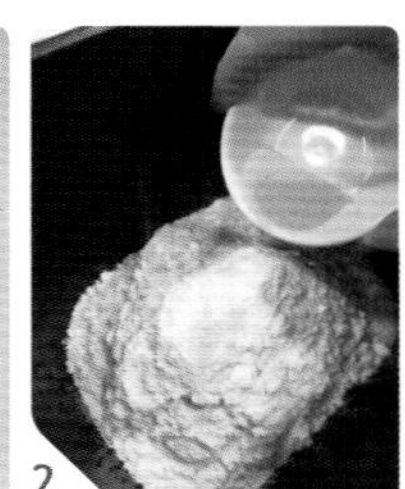
2

3

4

5

1. 核桃切成 1.5 厘米大小，将材料按顺序放入面包机内锅中（核桃除外），选择合适的行程，按下“开始”键。（图 2）
2. 在材料揉成团状时按下“暂停”键，加入核桃，再按下“开始”键继续揉面。若面包机带有果料盒，可直接放入盒中。（图 3、4）
3. 烘烤时间到，将面包倒出，放在铁网架上放凉。（图 5、6）

6

胚芽蜂蜜面包

蜂蜜淡淡的香气，
是大自然的恩宠，
这份幸福与你共享！

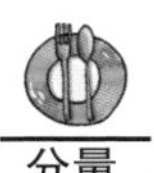

分量

约 470 克

材料

液体植物油 25 克
冷水 110 克
鸡蛋 1 个（净重约 50 克）
蜂蜜 20 克
盐 0.6 克（约 1/8 茶匙）
小麦胚芽 2 大匙（约 15 克）
高筋面粉 250 克
速发干酵母 2 克
（约 1/2 茶匙）（图 1）

1

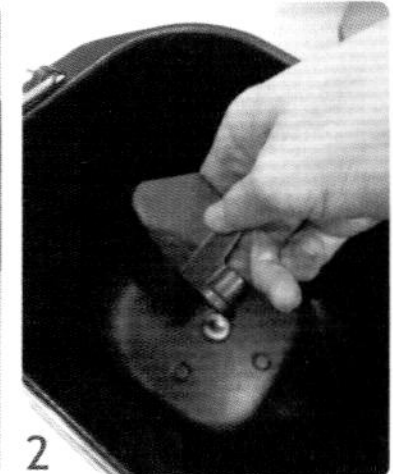
2

3

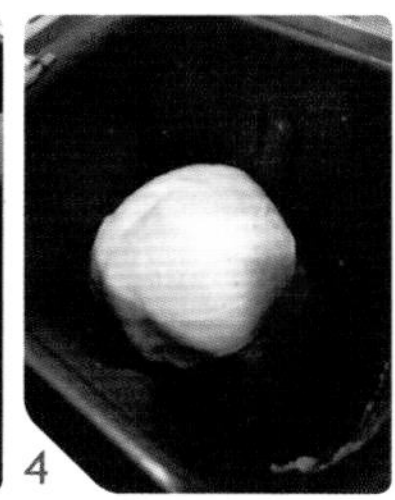
4

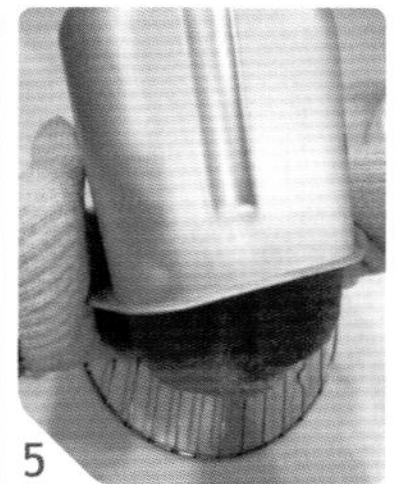
5

做法

1. 将面包机内锅的搅拌棒安装好。（图 2）
2. 材料按顺序放入面包机内锅中，设定合适的行程。（图 3）
3. 烘烤时间到，将面包倒出，放在铁网架上放凉。（图 4、5）
4. 等完全凉透再切片。（图 6）

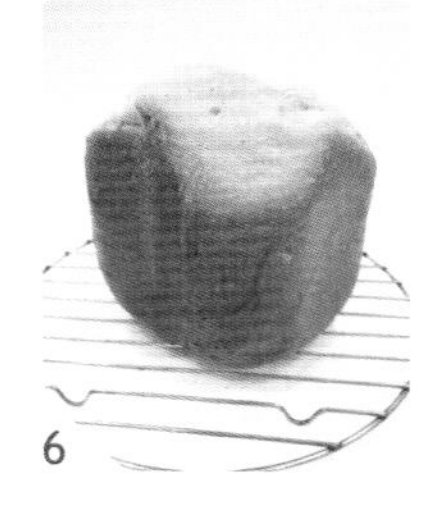
6

胚芽芝麻面包

小麦胚芽含丰富的营养素，
帮你补充维生素E、维生素B1及蛋白质。

分量

约 450克

材料

冷水115克
鸡蛋1个（净重约50克）
炼乳20克
盐1.3克（约1/4茶匙）
小麦胚芽1大匙（约7.5克）
熟黑芝麻8克（约1大匙）
高筋面粉250克
速发干酵母2克
（约1/2茶匙）（图1）

1

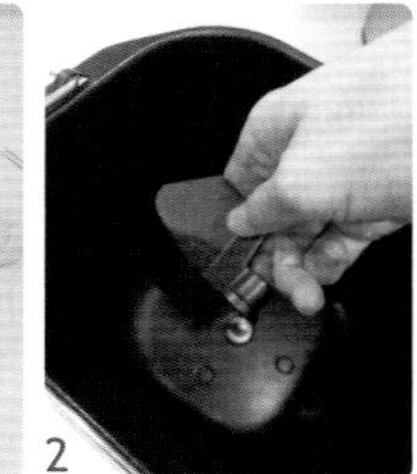

2

3

4

5

6

做法

1. 将面包机内锅的搅拌棒安装好。（图2）
2. 材料按顺序放入面包机内锅中。（图3）
3. 选择合适的行程，按下“开始”键。（图4）
4. 烘烤时间到，将面包倒出，放在铁网架上放凉，等完全凉透再切片。（图5、6）

甜酒酿是女人的最佳补品，
冬天喝一碗全身暖呼呼。
将甜滋滋的酒酿加入面包中，
滋补又养生。

酒酿胚芽面包

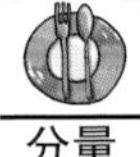

分量

约

455 克

材料

冷水 135 克　甜酒酿 50 克　液体植物油 15 克
盐 2.5 克（约 1/2 茶匙）
小麦胚芽粉 15 克（约 2 大匙）　高筋面粉 250 克
速发干酵母 2 克（约 1/2 茶匙）（图 1）

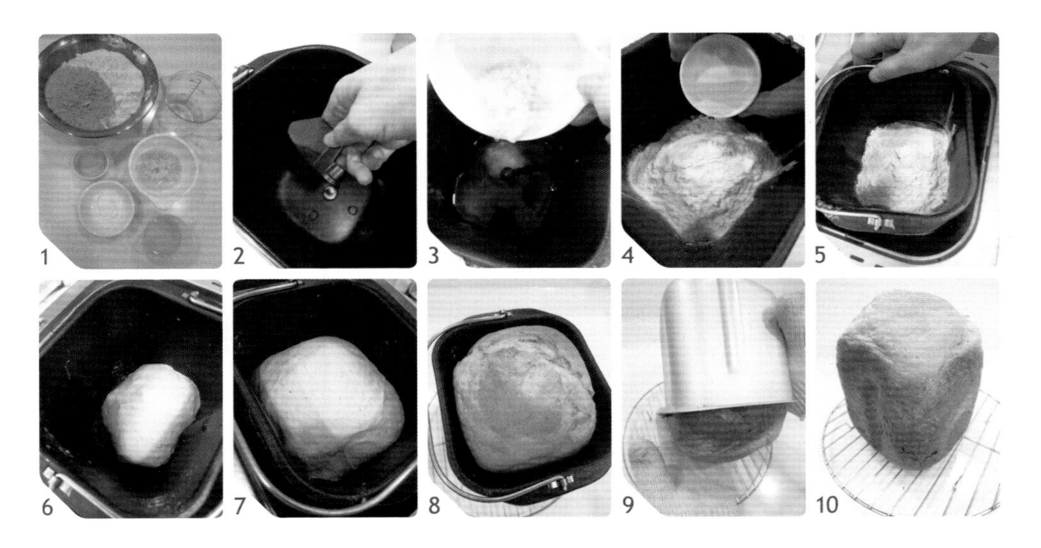

做法

1. 甜酒酿加热煮沸，放凉。将面包机内锅的搅拌棒安装好。（图 2）
2. 参考面包机说明书，按顺序将材料放入内锅。（图 3、4）
3. 内锅放回面包机中装好。（图 5）
4. 选择合适的行程、重量、烤色，按下“开始”键，等待揉面、发酵、烘烤。（图 6~8）
5. 烘烤完成后将面包倒出，放在铁网架上放凉。（图 9）
6. 等完全凉透后切片。（图 10）

黑麦坚果乳酪面包

黑麦有着纯朴自然的风味，
松软的面包体，
丰富的坚果与乳酪，
养身又健康！

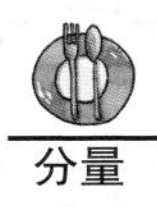

分量

约

520克

材料

牛奶165毫升　植物油15克　细砂糖20克　盐2.5克（约1/2茶匙）
高筋面粉235克　黑麦粉15克　速发干酵母2.5克（约3/4茶匙）
南瓜子15克　核桃15克　馅料：切达乳酪丁40克（图1）

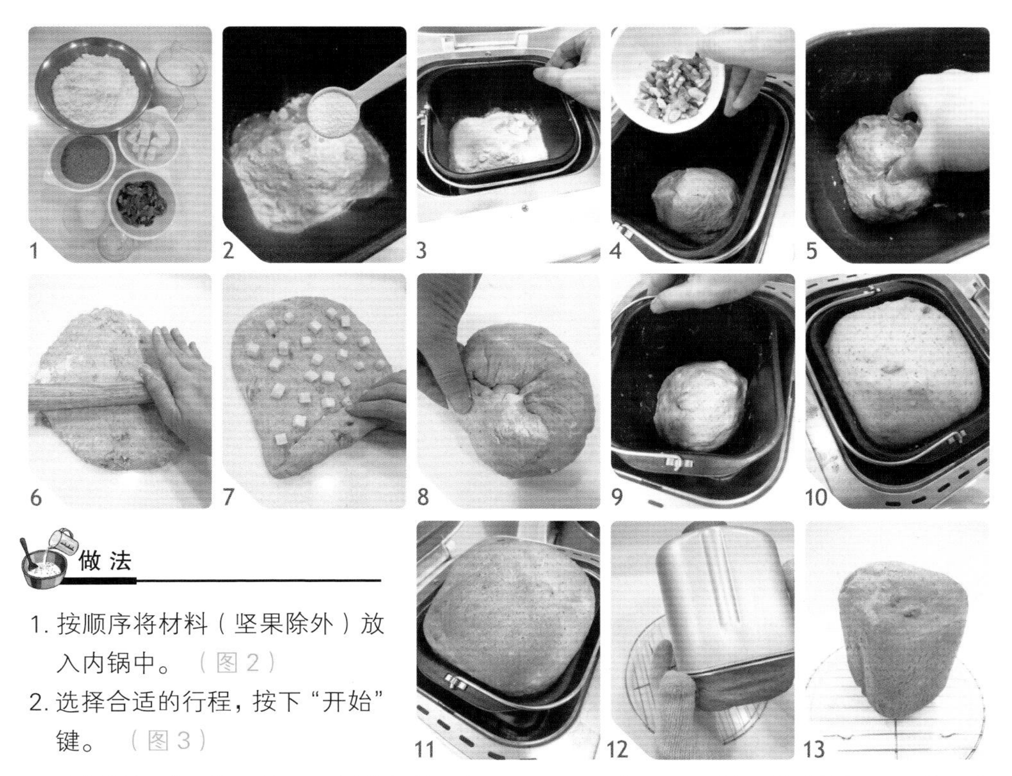

做法

1. 按顺序将材料（坚果除外）放入内锅中。（图2）
2. 选择合适的行程，按下“开始”键。（图3）
3. 在材料揉成团状时按下“暂停”键，加入坚果，再按下“开始”键继续揉面。若面包机带有果料盒，可直接放入盒中。（图4）
4. 搓揉动作结束，按下“暂停”键，手上拍点面粉，将面团从面包机中取出。（图5）
5. 案板上撒上些许高筋面粉，手上再拍一些高筋面粉，将面团移到案板上，表面也撒上一些高筋面粉，压扁，擀开成为30厘米×20厘米的长方形。（图6）
6. 切达乳酪丁均匀铺撒在面团上。（图7）
7. 沿着20厘米的边将面团卷成圆柱状，收口捏紧对折。（图8）
8. 取出内锅搅拌棒，将面团收口朝下，再放回面包机中。（图9）
9. 面团表面喷些水，盖上面包机盖子，按下“开始”键，继续未完的行程。（图10）
10. 烘烤时间到，将面包倒出放在铁网架上放凉。（图11、12）
11. 完全凉透后再切片。（图13）

全麦核桃米面包

将米直接加入面团中混合，
面包柔软又保湿还带有米香，
天天吃都不腻！

分量

约
470 克

材料

米糊：干饭 30 克　水 50 克

主面：米饭糊全部（约 80 克）　冷水 105 克　液体植物油 15 克　细砂糖 15 克　盐 3 克（约 3/4 茶匙）　高筋面粉 220 克　全麦面粉 30 克　速发干酵母 2 克（约 1/2 茶匙）　核桃 40 克（图 1）

做法

1. 将干饭加水煮沸后关火，盖上盖子，焖 15 分钟至饭软烂，放凉。（图 2）
2. 核桃放入烤箱，以 160℃烤 8~10 分钟取出，放凉后切成小块。（图 3）
3. 将面包机内锅的搅拌棒安装好，参考面包机说明书，按顺序将材料放入（核桃除外）。（图 4、5）
4. 内锅放回面包机中装好。（图 6）
5. 选择合适的行程、重量、烤色，按下“开始”键。（图 7）
6. 在材料揉成团状时按下“暂停”键，加入核桃，再按下“开始”键继续揉面。若面包机带有果料盒，可直接放入盒中。（图 8、9）
7. 等待发酵、烘烤。（图 10）
8. 完成后将面包倒出，放在铁网架上放凉。（图 11、12）
9. 等完全凉透再切片。（图 13）

小叮咛

√米饭糊一次可以多做一些，放入冰箱冷冻保存，使用前先解冻。

√核桃可以使用其他坚果代替。

分量

约

515 克

材料

紫米：紫米 50 克　冷水 70 克（图 1）

主面：紫米饭 60 克　冷水 150 克

盐 1.3 克（约 1/4 茶匙）　细砂糖 20 克

高筋面粉 250 克　无盐黄油 25 克　速发干酵母 2 克（约 1/2 茶匙）（图 2）

紫米面包

富含花青素的紫米面包
有着美丽的颜色与筋道的口感！

做法

1. 制作紫米饭时要先将紫米洗干净，用冷水泡一夜。（图 3）
2. 泡好的紫米蒸煮成紫米饭，放凉即可。此量约可以做 2 个面包，一次用不完，剩下的放冰箱冷藏。（图 4）
3. 将面包机内锅的搅拌棒安装好，参考面包机说明书，按顺序将紫米饭及其他材料放入。（图 5、6）
4. 内锅放回面包机中装好。（图 7）
5. 选择合适的行程、重量、烤色，按下“开始”键。（图 8）
6. 完成后将面包倒出，放在铁网架上放凉。（图 9、10）
7. 等完全凉透再切片。（图 11）

果干米面包

剩下的米饭直接添加在面包面团中，
米特有的淀粉能帮助面筋保湿，
烘烤出的面包色泽金黄，
带有米饭独特的香气。

分量

约 510克

材料

冷水 125 克　米饭 50 克　蜂蜜 25 克　盐 1.3 克（约 1/4 茶匙）
无盐黄油 25 克　全麦面粉 15 克　高筋面粉 235 克
速发干酵母 2 克（约 1/2 茶匙）　综合果干 35 克（图 1）

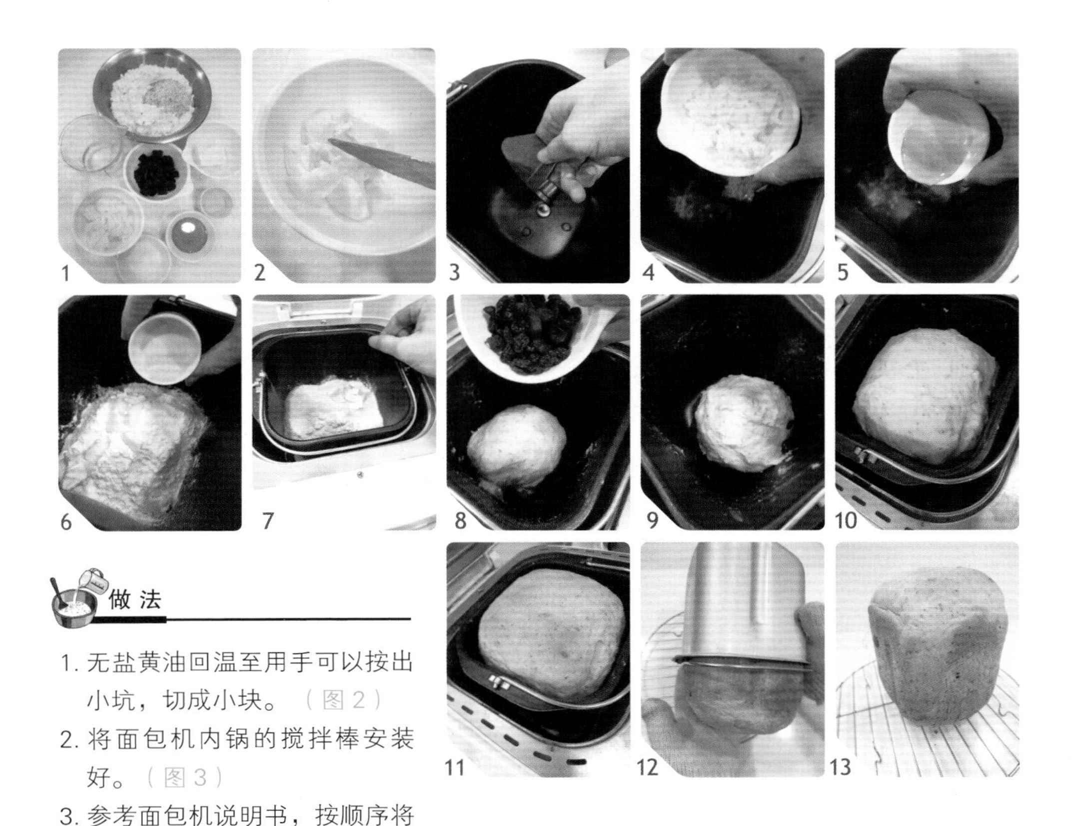

做法

1. 无盐黄油回温至用手可以按出小坑，切成小块。（图 2）
2. 将面包机内锅的搅拌棒安装好。（图 3）
3. 参考面包机说明书，按顺序将材料放入内锅。（图 4~6）
4. 内锅放回面包机中装好。选择合适的行程、重量、烤色，按下“开始”键。（图 7）
5. 在材料揉成团状时按下“暂停”键，加入综合果干，再按下“开始”键继续揉面。若面包机带有果料盒，可直接放入盒中。（图 8、9）
6. 等待揉面、发酵、烘烤。（图 10）
7. 完成后将面包倒出，放在铁网架上放凉。（图 11、12）
8. 等完全凉透后，再切成自己喜欢的大小。（图 13）

紫米豆浆面包

紫米加豆浆，
给你一整天充沛的活力来源！

分量

约

510克

材料

紫米：紫米 50 克　冷水 70 克

主面：豆浆 150 克　植物油 20 克

细砂糖 15 克　盐 3 克（约 3/4 茶匙）

高筋面粉 250 克　速发干酵母 2 克（约 1/2 茶匙）

紫米饭 60 克（图 1）

做法

1. 制作紫米饭时要先将紫米洗干净，用冷水泡一夜。（图 2）
2. 泡好的紫米蒸煮成紫米饭，放凉即可。此量可以做 2 个面包，一次用不完，剩下的放冰箱冷藏。（图 3）
3. 材料称量好；将面包机内锅的搅拌棒安装好，参考面包机说明书，按顺序将液态材料、细砂糖、盐、粉类放入。（图 4、5）
4. 最后放入紫米饭。（图 6）
5. 再将内锅放回面包机中装好。（图 7）
6. 选择合适的行程、重量、烤色，按下“开始”键，等待揉面、发酵、烘烤。（图 8）
7. 完成后将面包倒出，放在铁网架上放凉。（图 9）
8. 等完全凉透再切片。（图 10）

糙米面包

把没吃完的糙米饭
变成好吃的面包！

分量

约 500 克

材料

冷水 135 克
冷糙米饭 80 克
细砂糖 15 克
盐 2.5 克（约 1/2 茶匙）
高筋面粉 250 克
无盐黄油 15 克
速发干酵母 2.5 克
（约 3/4 茶匙）（图 1）

1

2

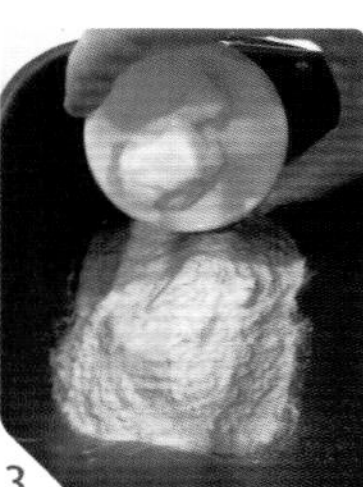
3

4

5

做法

1. 将面包机内锅的搅拌棒安装好；材料称量好，按顺序放入面包机内锅中。（图 2、3）
2. 选择合适的行程，按下“开始”键。（图 4）
3. 烘烤时间到，将面包倒出，放在铁网架上放凉。（图 5）
4. 等完全凉透再切片。（图 6）

6

芝麻米面包

小小的黑芝麻有着多多的营养，还可以增添面包的风味！

分量

约 515 克

材料

牛奶 135 克
冷白米饭 80 克
细砂糖 15 克
盐 2.5 克（约 1/2 茶匙）
无盐黄油 15 克
高筋面粉 250 克
熟黑芝麻 2 大匙（约 18 克）
速发干酵母 2.5 克（约 3/4 茶匙）（图 1）

1

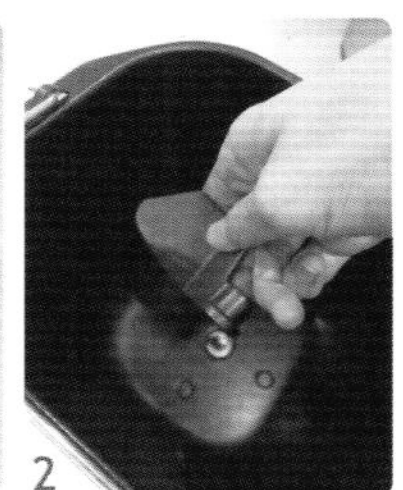
2

3

4

5

做法

1. 将面包机内锅的搅拌棒安装好。（图 2）
2. 材料按顺序放入面包机内锅中。（图 3）
3. 选择合适的行程，按下“开始”键。（图 4）
4. 烘烤时间到，将面包倒出，放在铁网架上放凉，等完全凉透再切片。（图 5、6）

6

蔬果面包

奶油地瓜面包

地瓜让成品色泽美丽，还能增加膳食纤维，
喜欢健康的你不要错过这一款面包！

分量

约 500 克

材料

熟地瓜泥 70 克　冷水 130 克
细砂糖 25 克　盐 1.3 克（约 1/4 茶匙）
高筋面粉 250 克　无盐黄油 25 克
速发干酵母 3 克（约 3/4 茶匙）（图 1）

做法

1. 地瓜去皮切块，以大火蒸 10 分钟至软烂。（图 2）
2. 将多余液体倒掉，趁热用叉子压成泥状，放凉备用。（图 3）
3. 地瓜泥取 70 克，与其他材料按顺序放入面包机内锅中，选择合适的行程，按下“开始”键。（图 4~6）
4. 烘烤时间到，将面包倒出，放在铁网架上放凉。（图 7、8）

马铃薯鸡蛋面包

使用天然材料，
让成品原味健康满满！

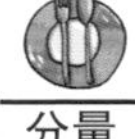

分量

约

515 克

材料

鸡蛋 1 个　冷水 100 克　马铃薯泥 70 克

细砂糖 15 克　盐 2.5 克（约 1/2 茶匙）

高筋面粉 250 克　小麦胚芽 1.5 大匙

无盐黄油25克　速发干酵母2.5克（约3/4茶匙）（图1）

小叮咛

✓剩下的马铃薯泥可以放冰箱冷藏保存，下一次还可以用。

做法

1. 取 1 颗马铃薯去皮切块，加入足量的水煮 12~15 分钟，至叉子能轻易插入的程度，捞起沥干水分。（图 2）
2. 趁热用叉子压成泥状，取 70 克放凉备用。（图 3）
3. 将面包机内锅的搅拌棒安装好。（图 4）
4. 参考面包机说明书，按顺序将材料放入内锅。（图 5）
5. 内锅放回面包机中装好。（图 6）
6. 选择合适的行程、重量、烤色，按下“开始”键。（图 7）
7. 烘烤完成后将面包倒出，放在铁网架上放凉，等完全凉透再切片。（图 9）

南瓜芝麻面包

金黄色甜美的南瓜充满太阳的活力！

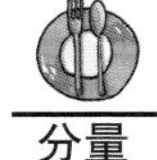
分量

材料

约 475 克

冷水 70 克　熟南瓜泥 100 克　细砂糖 15 克　盐 1.3 克（约 1/4 茶匙）
高筋面粉 250 克　黑芝麻 2 大匙（约 16 克）
无盐黄油 25 克　速发干酵母 2.5 克（约 3/4 茶匙）（图 1）

做法

1. 取 100 克南瓜去皮切块，以大火蒸 10 分钟至软烂。（图 2）
2. 倒掉蒸出的液体，趁热用叉子压成泥状，放凉备用。（图 3）
3. 将面包机内锅的搅拌棒安装好。（图 4）
4. 材料按顺序放入面包机内锅中。（图 5、6）
5. 选择合适的行程，按下“开始”键。（图 7）
6. 烘烤时间到，将面包倒出，放在铁网架上放凉，等完全凉透再切片。（图 8、9）

柳橙面包

柳橙清新的香味，
让早餐时光充满阳光暖意。

分量

约 470 克

材料

牛奶 155 克
柳橙果酱 50 克
盐 1.3 克（约 1/4 茶匙）
高筋面粉 250 克
无盐黄油 15 克
速发干酵母 2 克
（约 1/2 茶匙）（图 1）

做法

1. 材料称量好，按顺序放入面包机内锅中。（图 2）
2. 选择合适的行程，按下“开始”键。（图 3、4）
3. 烘烤时间到，将面包倒出，放在铁网架上放凉。（图 5、6）

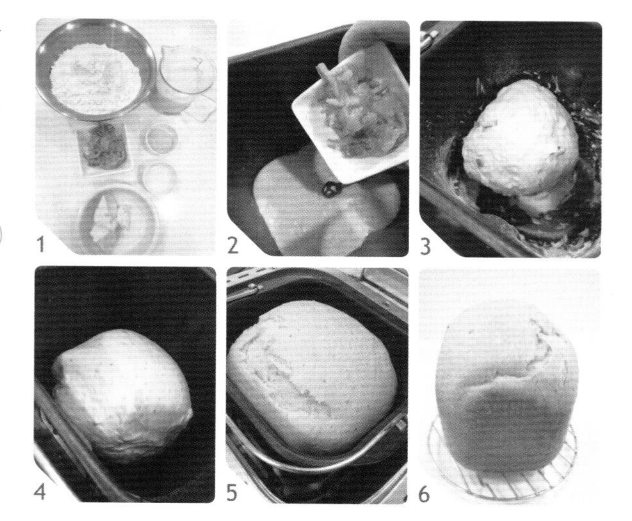

小叮咛

✓柳橙果酱可以用韩国柚子酱代替。

黑糖香蕉面包

黑糖加香蕉，
是大人、孩子都喜欢的滋味！

分量

约 455 克

材料

牛奶 90 克
香蕉泥 90 克
黑糖 20 克
盐 1.3 克（约 1/4 茶匙）
高筋面粉 230 克
全麦面粉 20 克
无盐黄油 20 克
速发干酵母 2.5 克
（约 3/4 茶匙）（图 1）

1

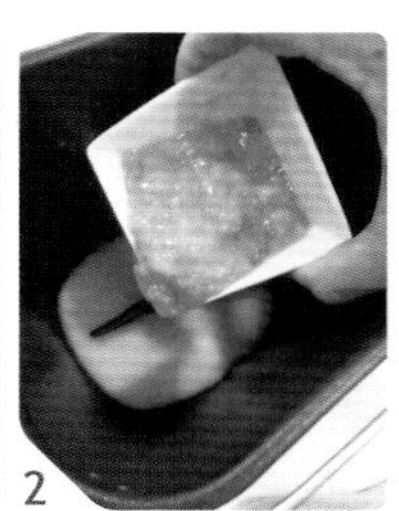
2

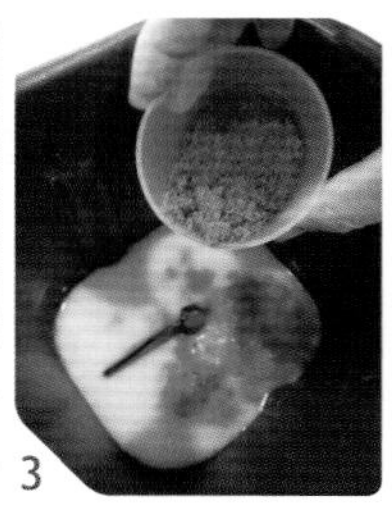
3

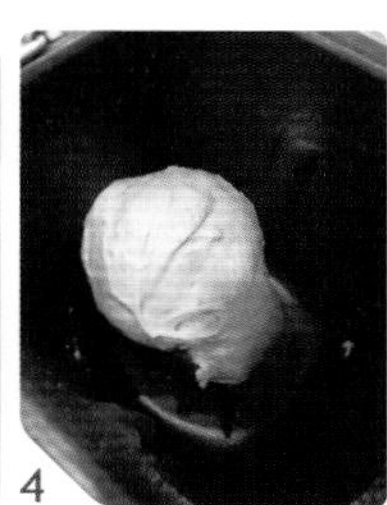
4

5

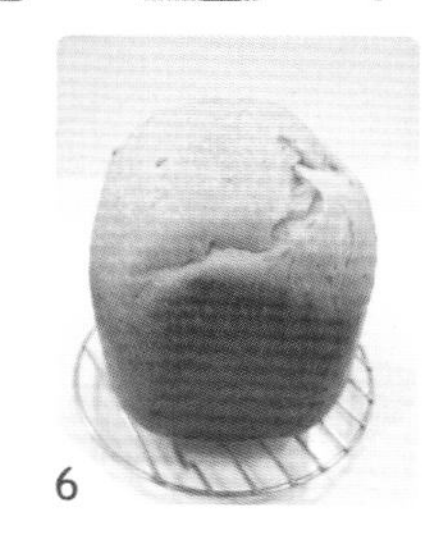
6

做法

1. 取 90 克香蕉压成泥备用。将面包机内锅的搅拌棒安装好，材料按顺序放入面包机内锅中。（图 2、3）
2. 选择合适的行程，按下“开始”键。（图 4）
3. 烘烤时间到，将面包倒出，放在铁网架上放凉。（图 5）

巧克力香蕉面包

巧克力加上香蕉真是绝配，
添加了可可粉及巧克力砖的面团滋味更浓郁。
在特别的节日给亲爱的他一个惊喜！

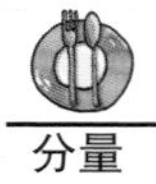

分量

约

455克

材料

冷水95克　香蕉1条（100克）　盐1.3克（约1/4茶匙）

高筋面粉250克　无糖纯可可粉10克

速发干酵母2克（约1/2茶匙）　巧克力砖50克（图1）

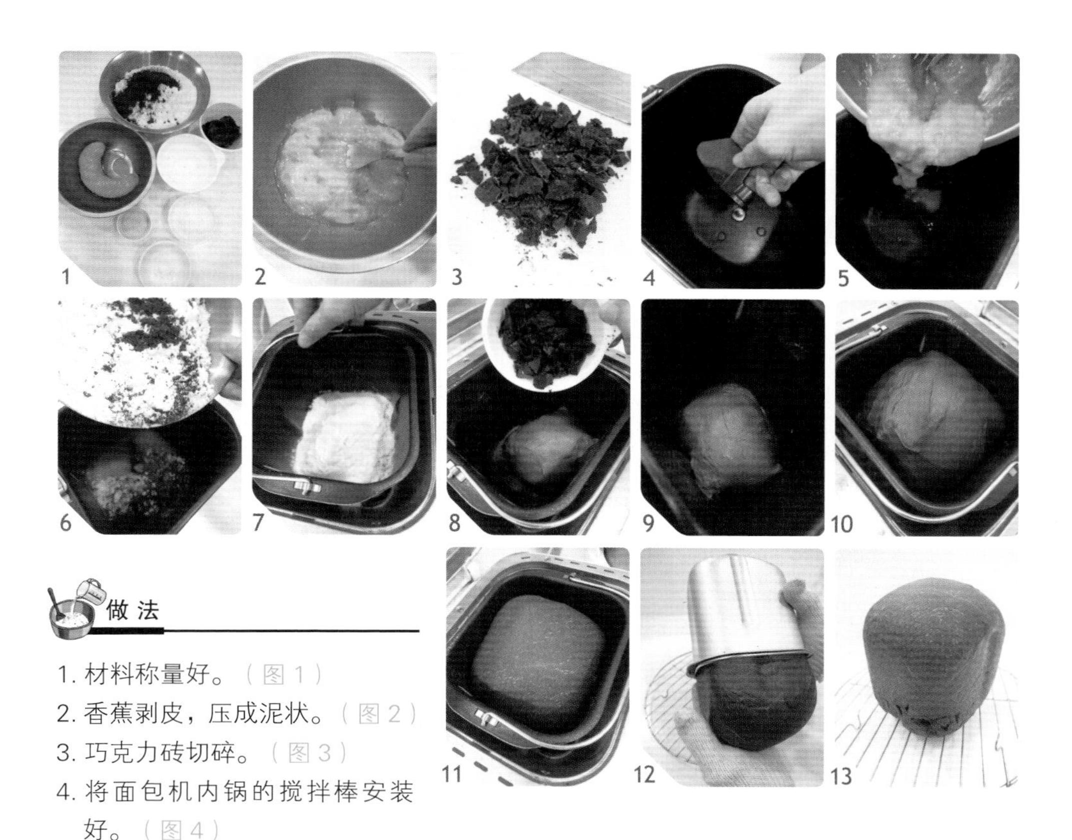

做法

1. 材料称量好。（图1）
2. 香蕉剥皮，压成泥状。（图2）
3. 巧克力砖切碎。（图3）
4. 将面包机内锅的搅拌棒安装好。（图4）
5. 参考面包机说明书，按顺序将材料（巧克力除外）放入内锅。（图5、6）
6. 内锅放回面包机中装好。选择合适的行程、重量、烤色，按下“开始”键。（图7）
7. 在材料揉成团状时按下“暂停”键，加入巧克力，再按下“开始”键继续揉面。若面包机带有果料盒，可直接放入盒中。（图8）
8. 等待揉面、发酵、烘烤。（图9、10）
9. 完成后将面包倒出，放在铁网架上放凉。（图11、12）
10. 等完全凉透再切片。（图13）

圣诞面包

大量的鸡蛋、果干及蜂蜜，
做出的成品滋味浓郁。
圣诞节快乐！

分量

约

505克

材料

牛奶 75 克　鸡蛋 1 个　蛋黄 2 个　蜂蜜 10 克　细砂糖 25 克

盐 1.3 克（约 1/4 茶匙）　高筋面粉 260 克　无盐黄油 30 克

速发干酵母 2 克（约 1/2 茶匙）　综合果干 50 克

表面装饰：全蛋液少许　糖粉少许（图 1）

✓综合果干可以使用任何喜欢的果干代替。

✓ 1 个鸡蛋加 2 个蛋黄加牛奶的总量约 175 克。

做法

1. 除综合果干外所有的材料按顺序放入面包机内锅中，选择合适的行程，按下“开始”键。（图 2~4）
2. 在材料揉成团状时按下“暂停”键，加入综合果干，再按下“开始”键继续揉面。若面包机带有果料盒，可直接放入盒中。（图 5~7）
3. 烘烤结束前 2~3 分钟时在面团表面轻轻刷上一层全蛋液。（图 8、9）
4. 烘烤时间到，将面包倒出，放在铁网架上放凉。（图 10、11）
5. 成品表面可以撒上糖粉装饰。（图 12）

红酒桂圆面包

红葡萄酒香加上桂圆隽永的甜美，
这是属于女人的滋味！

分量

约
470 克

材料

红酒桂圆：干红葡萄酒 200 克　桂圆干 30 克
面团：红葡萄酒 165 克　细砂糖 10 克　盐 1.3 克（约 1/4 茶匙）
高筋面粉 250 克　无盐黄油 15 克　速发干酵母 2 克（约 1/2 茶匙）
浸泡过的桂圆干全部（图 1）

小叮咛
✓桂圆干可以使用其他果干代替。

做法

1. 干红葡萄酒煮沸，放凉。将桂圆干切碎，加入红葡萄酒中，浸泡 2~3 天。（图 3、4）
2. 使用滤网将桂圆捞出，尽量控干，干红葡萄酒的量补足 165 克。（图 5）
3. 除桂圆果干外所有材料按顺序放入面包机内锅中，选择合适的行程，按下“开始”键。（图 6、7）
4. 面团成型后按下“暂停”键，放入桂圆干，再按下“开始”键继续行程。（图 8~11）
5. 烘烤时间到，将面包倒出，放在铁网架上放凉。（图 12、13）
6. 等完全凉透再切片。（图 14）

汤种葡萄干面包

柔软膨松的面包体加上甜美的葡萄干，
是没有人会拒绝的美味！

分量

约

545 克

材料

汤种面糊：高筋面粉 17 克　冷开水 85 克（图 1）

主面团：牛奶 50 克　鸡蛋 1 个　汤种面糊全部（约 90 克）

细砂糖 25 克　盐 1.3 克（约 1/4 茶匙）

高筋面粉 250 克　无盐黄油 30 克

速发干酵母 2.5 克（约 3/4 茶匙）　葡萄干 50 克（图 2）

做法

1. 高筋面粉加冷水搅匀成面糊。（图 3）
2. 将面糊放入小锅，中小火加热，边煮边搅拌，煮到开始变浓稠时关火，继续搅拌至呈现漩涡状的面糊。（图 4、5）
3. 放凉或冷藏后使用，放冰箱可以冷藏 4~5 天。（图 6）
4. 无盐黄油回温至用手可以按出小坑，切小块。（图 7）
5. 将面包机内锅的搅拌棒安装好，参考面包机说明书按顺序将材料放入（葡萄干除外）。（图 8、9）
6. 内锅放回面包机中装好。（图 10）
7. 选择合适的行程、重量、烤色，按下 " 开始 " 键 。（图 11）
8. 在材料揉成团状时按下 " 暂停 " 键，加入葡萄干，再按下 " 开始 " 键继续揉面。若面包机带有果料盒，可直接放入盒中。（图 12）
9. 等待发酵、烘烤。（图 13）
10. 完成后将面包倒出，放在铁网架上放凉。（图 14）
11. 完全凉透再切片。（图 15）

小叮咛

✓汤种面糊一次可以多做一点，放冰箱冷冻保存，使用前要解冻。

✓葡萄干可以用其他果干代替。

奶香葡萄干面包
奶香浓郁，小朋友最爱！

分量

约

505 克

材料

牛奶 160 克　炼乳 15 克　细砂糖 10 克　盐 1.3 克（约 1/4 茶匙）

高筋面粉 250 克　全脂奶粉 10 克　无盐黄油 15 克

速发干酵母 2 克（约 1/2 茶匙）　葡萄干 30 克（图 1）

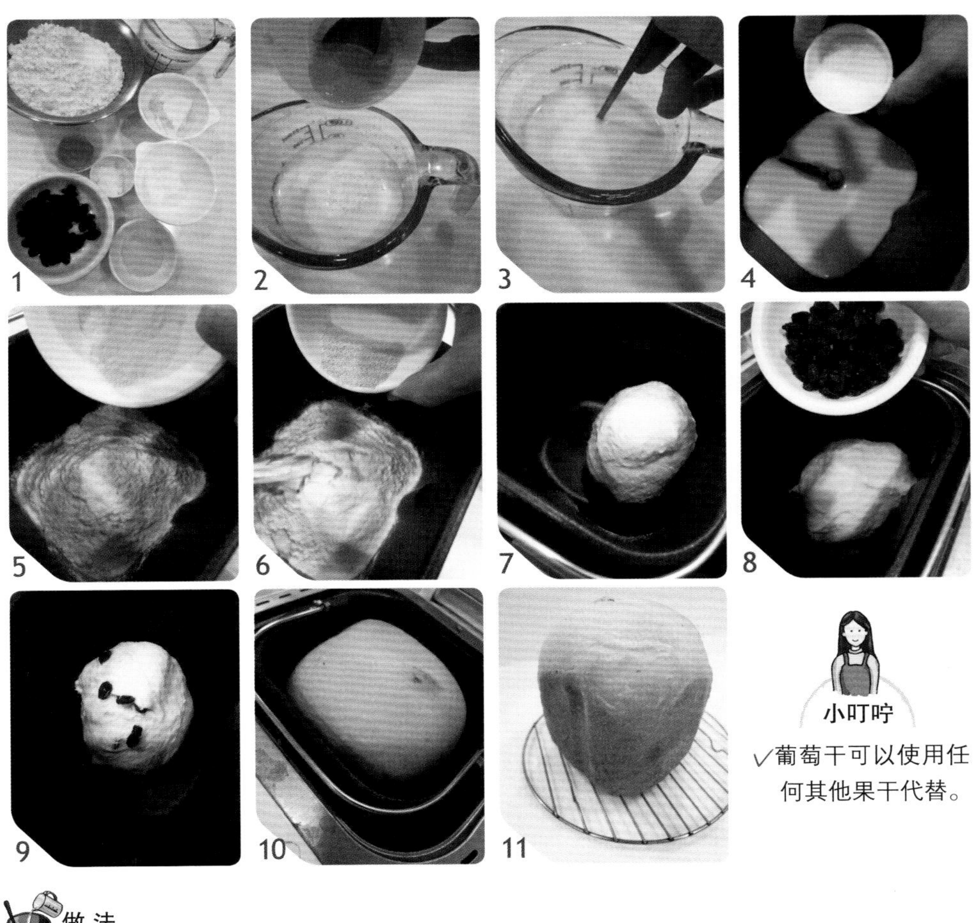

小叮咛

✓葡萄干可以使用任何其他果干代替。

做法

1. 先将炼乳倒进牛奶中调匀。（图 2、3）
2. 材料按顺序放入面包机内锅中（葡萄干除外），选择合适的行程，按下“开始”键。（图 4~7）
3. 在材料揉成团状时按下“暂停”键，加入葡萄干，再按下“开始”键继续揉面。若面包机带有果料盒，可直接放入盒中。（图 8、9）
4. 烘烤时间到，将面包倒出，放在铁网架上放凉。（图 10、11）

鸡蛋蔓越莓面包

果干浓缩了水果的精华，
最适合添加在面包中，
口感富于变化，味道自然甘甜。

分量

约

495 克

材料

冷水 115 克　鸡蛋 1 个（净重约 50 克）
细砂糖 15 克　盐 1.3 克（约 1/4 茶匙）
高筋面粉 230 克　全麦面粉 20 克
无盐黄油 25 克　速发干酵母 2 克（约 1/2 茶匙）
蔓越莓果干 50 克（图 1）

小叮咛

✓蔓越莓果干可以用任何你喜欢的果干代替。

做法

1. 将面包机内锅的搅拌棒安装好。（图 2）
2. 材料按顺序放入面包机内锅中（蔓越莓果干除外）。（图 3）
3. 选择合适的行程，按下“开始”键。（图 4）
4. 在材料揉成团状时按下“暂停”键，加入蔓越莓果干，再按下“开始”键继续揉面。若面包机带有果料盒，可直接放入盒中。（图 5、6）
5. 烘烤时间到，将面包倒出，放在铁网架上放凉，等完全凉透再切片。（图 7）

大理石巧克力面包

层层叠叠交错的巧克力内馅，
让面包形成美丽的纹路，
好看又好吃。

分量

约

765 克

材料

巧克力夹馅：高筋面粉 15 克　玉米粉 15 克　无糖纯可可粉 30 克
牛奶 150 克　细砂糖 70 克　无盐黄油 20 克（图 1）
主面团：冷水 115 克　鸡蛋 1 个（净重约 50 克）　液体植物油 20 克
细砂糖 15 克　盐 1.3 克（约 1/4 茶匙）　高筋面粉 250 克
小麦胚芽 2 大匙（约 15 克）　速发干酵母 2.5 克（约 3/4 茶匙）（图 2）

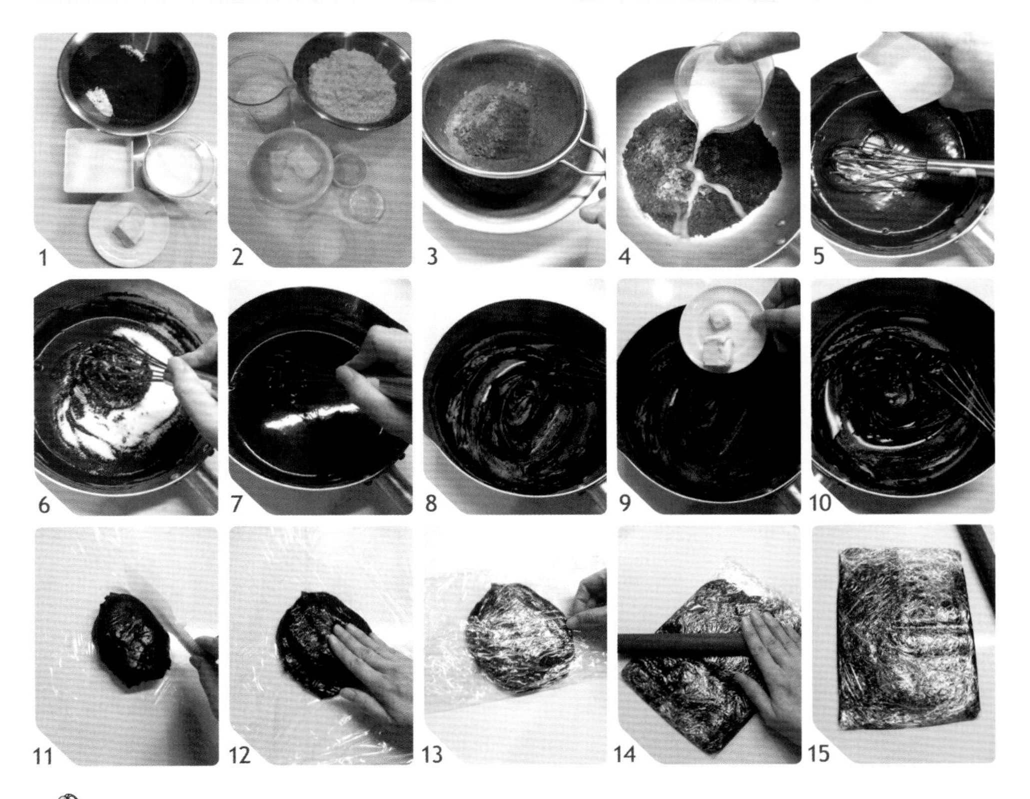

做法

1. 高筋面粉、玉米粉和无糖纯可可粉混合均匀，用滤网过筛。（图 3）
2. 混合好的粉类放入小锅中，加入牛奶及细砂糖搅拌均匀。（图 4~6）
3. 以中小火加热，边煮边搅拌至呈现浓稠状即关火。（图 7、8）
4. 趁热加入黄油混合均匀，即成巧克力面糊，放凉。（图 9、10）
5. 将巧克力面糊用保鲜膜包裹起来，擀压成约 20 厘米 ×15 厘米的长方形片状，放入冰箱冷冻室冻硬备用。（图 11~15）

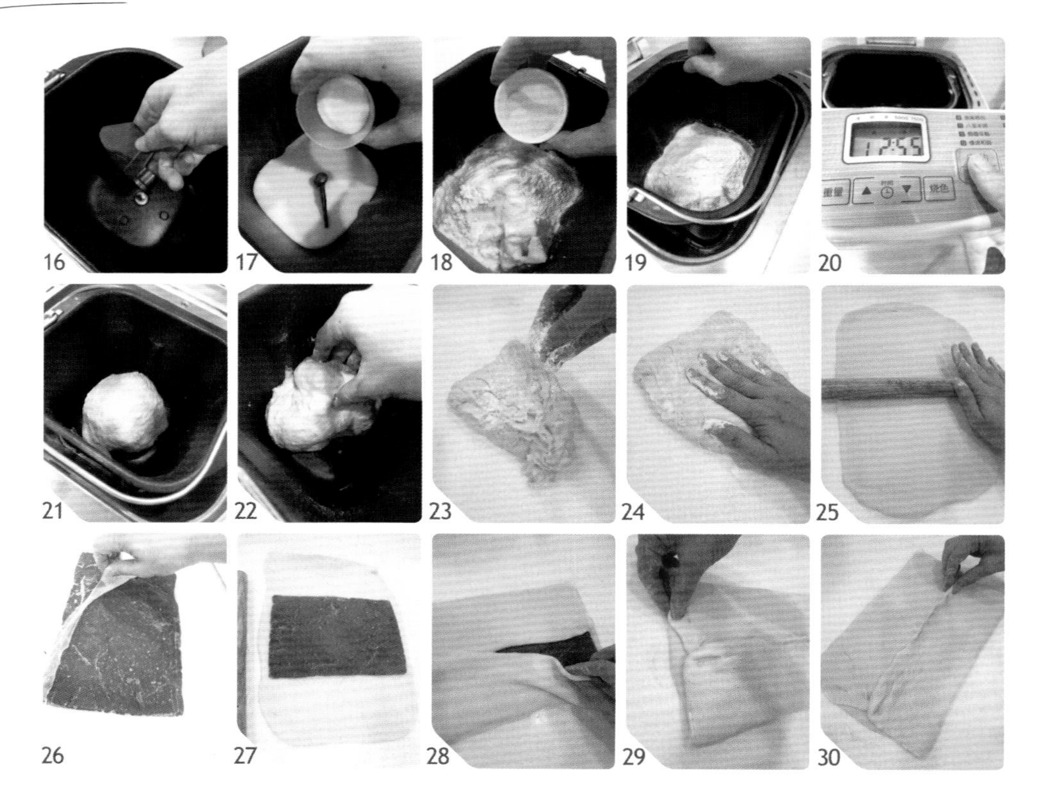

做法

6. 将面包机内锅的搅拌棒安装好。（图 16）
7. 参考面包机说明书，按顺序将主面团材料放入。（图 17、18）
8. 内锅放回面包机中装好。（图 19）
9. 选择合适的行程、重量、烤色，按下“开始”键。（图 20）
10. 揉面行程完全结束时按“暂停”键。（图 21）
11. 手上拍些高筋面粉，将面团移到撒了高筋面粉的案板上，面团表面也撒些高筋面粉。（图 22、23）
12. 将面团压扁，用擀面棍将擀成约 40 厘米 ×20 厘米的长方形面皮。（图 24、25）
13. 将冻硬的巧克力面糊从冰箱冷冻室取出。（图 26）
14. 铺放在面皮上，左右各留出 1 厘米的空白。（图 27）
15. 面皮上下包覆住巧克力夹馅，收口及周围捏紧。（图 28~30）
16. 用擀面棍将面皮慢慢擀成 40 厘米 ×20 厘米的长方形面皮。（图 31）
17. 面皮折成三折。（图 32、33）
18. 将面皮转个方向（转 90 度），再次擀开成为约 40 厘米 ×20 厘米的长方形面皮。（图 34、35）

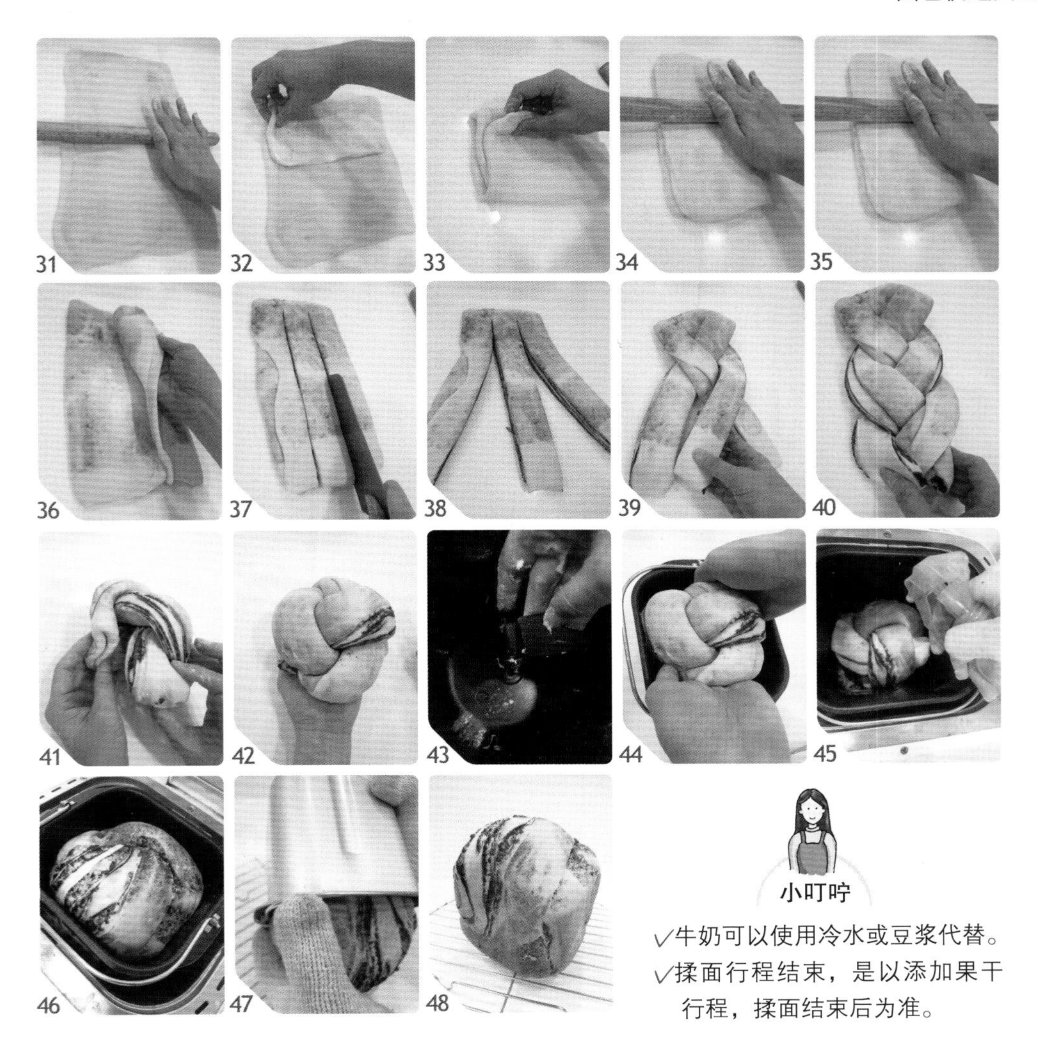

√牛奶可以使用冷水或豆浆代替。

√揉面行程结束，是以添加果干行程，揉面结束后为准。

做法

19. 面皮再次折成三折。（图 36）
20. 用刀将面团切成 3 等份，前端预留约 1.5 厘米不要切断。（图 37、38）
21. 左右交叉编成麻花状（不要卷太紧）。（图 39、40）
22. 面团头尾相连，捏紧。（图 41、42）
23. 取出内锅搅拌棒。（图 43）
24. 将面团收口朝下，放回面包机内锅中。（图 44）
25. 面团表面喷点水，盖上面包机盖子，按下“开始”键，继续发酵烘烤行程。（图 45）
26. 完成后将面包倒出，放在铁网架上放凉。（图 46、47）
27. 等完全凉透再切片。（图 48）

乳酪肉松面包

肉松与乳酪丁交错，
每一口都可以吃到丰富的馅料，
咸的什锦面包可以当做简单的轻食，
正餐或消夜都很解馋哦。

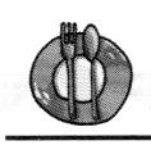

分量

约

480克

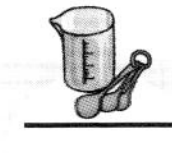

材料

豆浆 110 克　液体植物油 25 克　鸡蛋 1 个
细砂糖 10 克　盐 3 克（约 1/2 茶匙）
高筋面粉 250 克　速发干酵母 2 克（约 1/2 茶匙）
高融点乳酪丁 40 克　肉松 40 克（图 1）

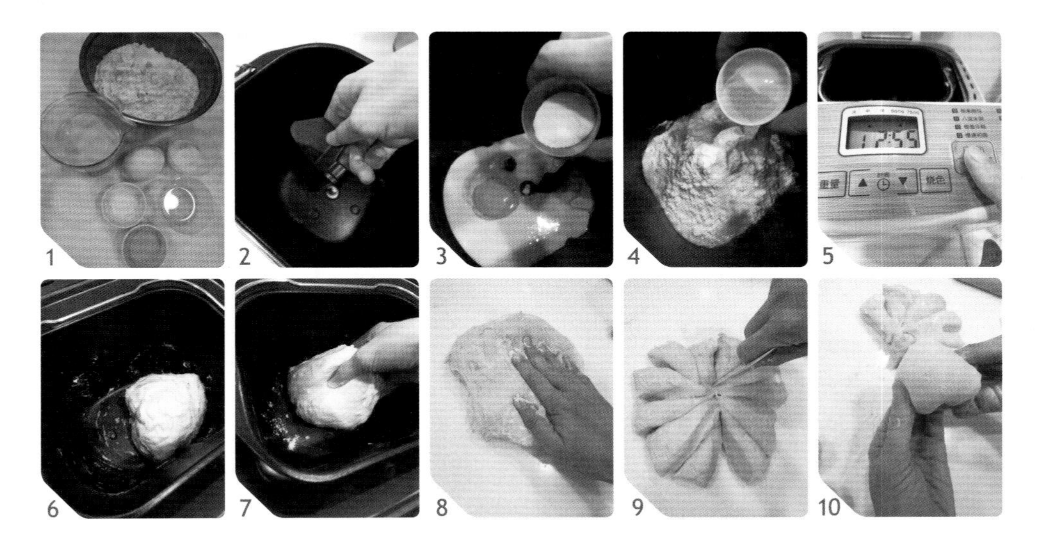

做法

1. 将面包机内锅的搅拌棒安装好。（图 2）
2. 参考面包机说明书，按顺序将材料放入内锅。（图 3、4）
3. 内锅放回面包机中装好，选择合适的行程、重量、烤色，按下“开始”键。（图 5）
4. 揉面行程完全结束按“暂停”。（图 6）
5. 手上拍一些高筋面粉，将面团移到撒了高筋面粉的案板上，面团表面也撒些高筋面粉。（图 7）
6. 用手按压面团将其中的空气挤出。（图 8）
7. 将面团分割成 12 等份，滚圆。（图 9~12）

做法

8. 小面团擀开成圆形。（图 13）
9. 包入适当的乳酪丁及肉松。（图 14）
10. 面团收口捏紧，再次滚圆。（图 15~18）
11. 取出内锅搅拌棒，将完成的面团整齐放回面包机中。（图 19~21）
12. 选择合适的行程、重量、烤色，按下“开始”键，等待揉面、发酵、烘烤。（图 22）
13. 完成后将面包倒出，放在铁网架上放凉。（图 23、24）
14. 等完全凉透再切片。（图 25）

小叮咛

√豆浆可以用牛奶或冷水代替。

豆浆胚芽地瓜面包

面包组织里可以吃到甜美的地瓜丁，
口感好特别！

分量

约

515 克

材料

豆浆 170 克　液体植物油 15 克

细砂糖 20 克　盐 1.3 克（约 1/4 茶匙）

高筋面粉 250 克　小麦胚芽 1 大匙（约 7.5 克）

速发干酵母 2 克（约 1/2 茶匙）　去皮地瓜 50 克（图 1）

做法

1. 将地瓜切成 1 厘米见方的块状，大火蒸 10 分钟。（图 2）
2. 蒸出的液体倒掉，地瓜丁放凉备用。（图 3）
3. 将材料按顺序放入面包机内锅中，选择合适的行程，按下“开始”键。（图 4、5）
4. 搓揉动作结束，按下“暂停”键，将面团从面包机中取出。（图 6）
5. 案板上撒上些许高筋面粉，将面团移到案板上，面团表面撒上一些高筋面粉。（图 7）
6. 将面团压扁，擀开成为 30 厘米 ×20 厘米的长方形。（图 8、9）

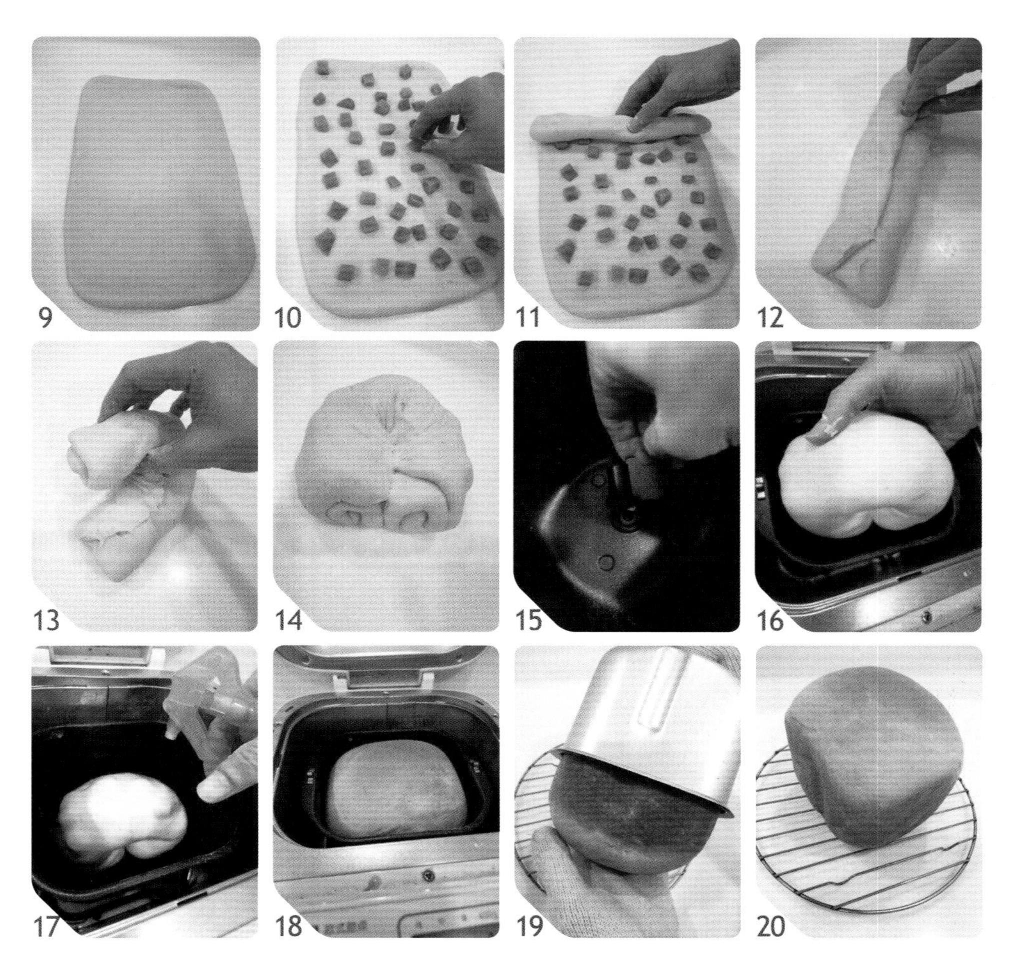

做 法

7. 蒸好的地瓜丁均匀铺在面团上。（图 10）
8. 按图 11 所示将面团轻轻卷起成圆柱状，收口捏紧，对折。（图 11~14）
9. 取出内锅搅拌棒，面团收口朝下放回面包机中。（图 15、16）
10. 面团表面喷些水，盖上面包机盖子，按下“开始”键，继续之后的行程。（图 17）
11. 烘烤时间到，将面包倒出，在铁网架上放凉。（图 18、19）
12. 等完全凉透再切片。（图 20）

红豆面包

铺上甜美的红豆馅，
有了面包机，
自己做面包变得这么简单！

分量

约

460 克

材料

红豆馅：红豆 100 克　冷水 350 克　细砂糖 60 克　盐 1/8 茶匙

面团：豆浆 170 克　细砂糖 15 克　盐 1.3 克（约 1/4 茶匙）

高筋面粉 250 克　速发干酵母 2.5 克（约 3/4 茶匙）

无盐黄油 25 克　红豆馅 120 克（图 1）

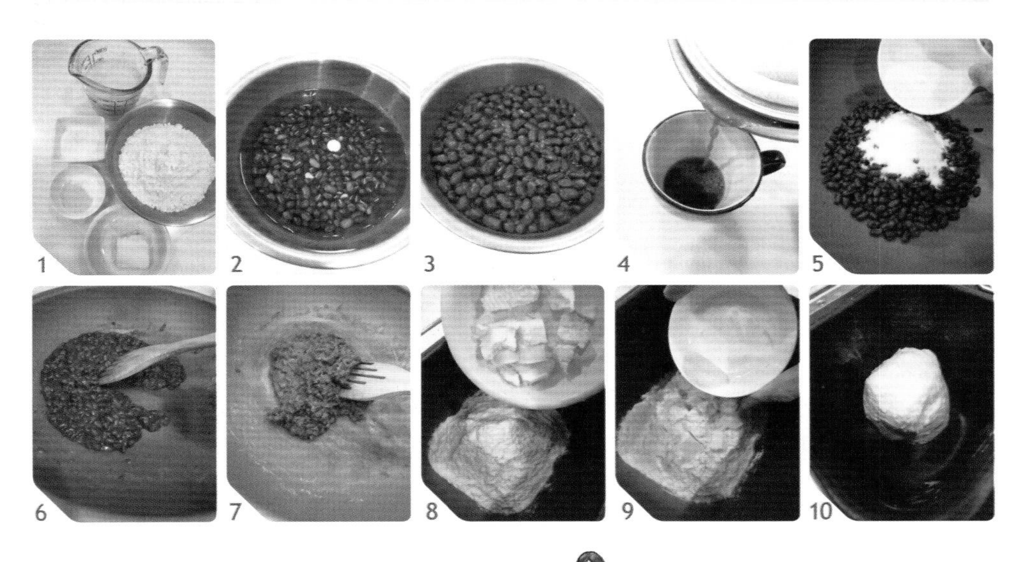

小叮咛

√从冰箱取出的材料一定要先回温至室温，因为食材温度太低会影响成品发酵。

√液体可以用牛奶或水代替。

√揉面行程结束，是以添加果干后揉面结束为准。

做法

1. 红豆洗干净，用 350 克的冷水浸泡一夜。（图 2）
2. 隔天直接蒸煮 2~3 小时至熟软。（图 3）
3. 将多余的红豆水滤出（可以加点糖当饮料喝）。（图 4）
4. 红豆放入炒锅中，加入细砂糖及盐混合均匀。（图 5）
5. 中小火拌炒 12~16 分钟至红豆成团，放凉备用。（图 6、7）
6. 面包体材料称量好，按顺序放入面包机内锅中（红豆馅除外）。（图 8、9）
7. 选择合适的行程、重量、烤色，按下“开始”键。（图 10）

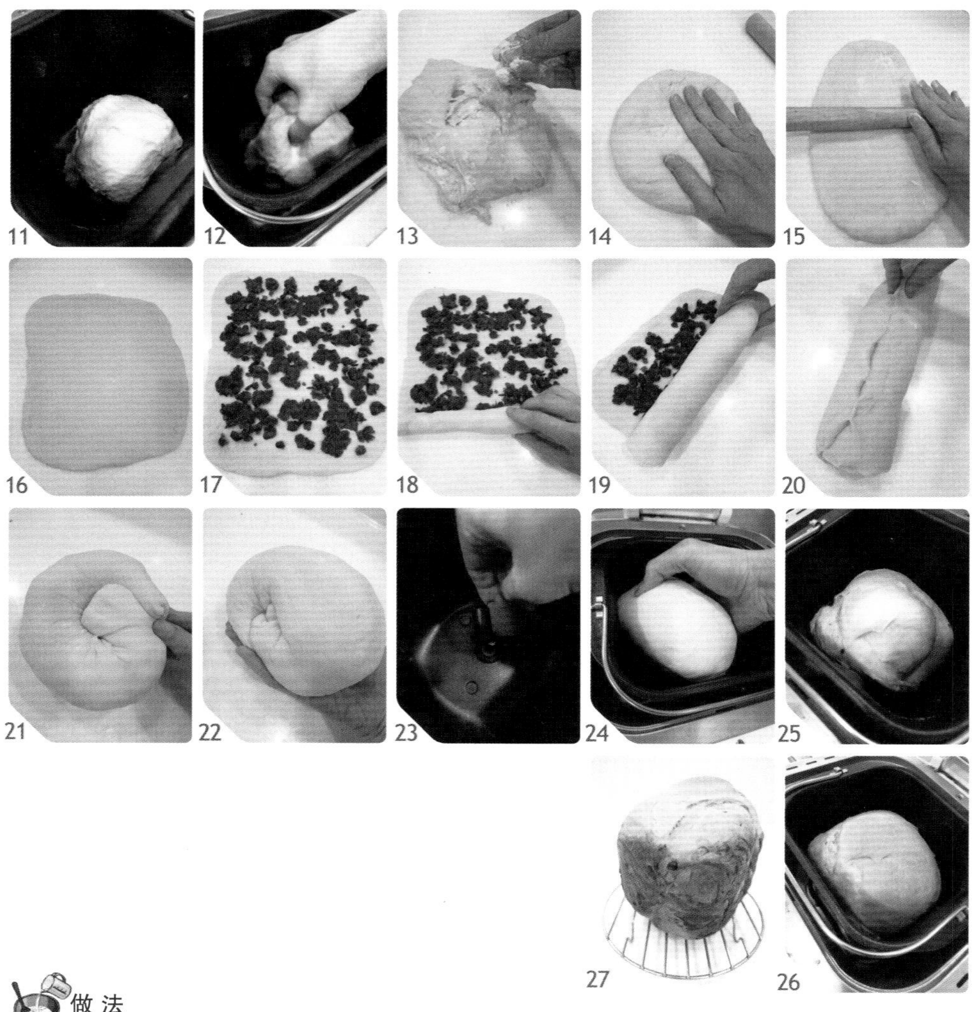

做法

8. 揉面行程完全结束时按“暂停”键。（图 11）
9. 手上拍一些高筋面粉，将面团移到撒了高筋面粉的案板上，面团表面也撒些高筋面粉。（图 12、13）
10. 将面团拍扁，用擀面棍将面团擀成约 40 厘米 ×20 厘米的长方形面皮。（图 14~16）
11. 做好的红豆馅均匀铺在面皮上，周围各留 1.5 厘米的空白。（图 17）
12. 面皮按图 18 所示轻轻卷起成柱状，收口捏紧。（图 18~20）
13. 将柱状面团卷起，收口捏紧。（图 21、22）
14. 取出内锅搅拌棒，将面团收口朝下放回面包机内锅中。（图 23、24）
15. 面团表面喷点水，盖上面包机盖，按下“开始”键继续发酵烘烤行程。（图 25）
16. 烘烤完成后将面包倒出，放在铁网架上放凉，等完全凉透再切片。（图 26、27）

巧克力豆面包

巧克力面包体中间镶嵌着巧克力豆，
是甜蜜幸福的滋味！

分量

495 克

材料

鸡蛋 1 个　　冷水 120 克

细砂糖 20 克　　盐 1.3 克（约 1/4 茶匙）

高筋面粉 250 克　　无糖纯可可粉 10 克

无盐黄油 15 克　　速发干酵母 2 克（约 1/2 茶匙）

包馅：巧克力豆 30 克（图 1）

做法

1. 材料按顺序放入面包机内锅中，选择合适的行程，按下“开始”键。（图 2、3）
2. 搓揉动作结束，按下“暂停”键，手上拍点面粉，将面团从面包机中取出。（图 4~6）
3. 将面团移到撒了高筋面粉的案板上，面团表面也撒些高筋面粉。（图 7）
4. 将面团压扁，擀开成为 30 厘米 ×20 厘米的长方形。（图 8、9）
5. 巧克力豆均匀铺撒在面团上。（图 10、11）

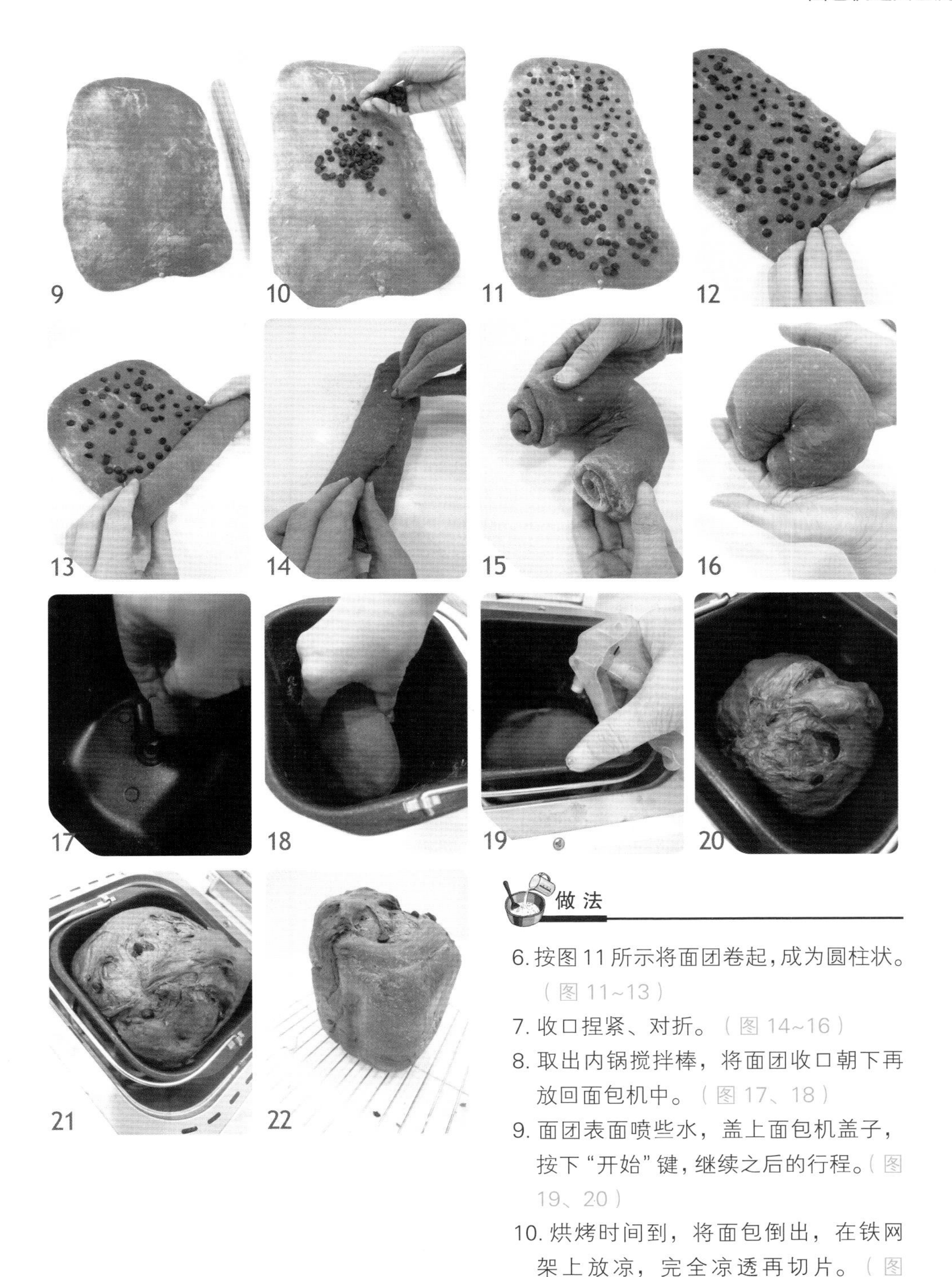

做法

6. 按图 11 所示将面团卷起，成为圆柱状。（图 11~13）
7. 收口捏紧、对折。（图 14~16）
8. 取出内锅搅拌棒，将面团收口朝下再放回面包机中。（图 17、18）
9. 面团表面喷些水，盖上面包机盖子，按下“开始”键，继续之后的行程。（图 19、20）
10. 烘烤时间到，将面包倒出，在铁网架上放凉，完全凉透再切片。（图 21、22）

洋葱面包

经过细细翻炒的洋葱充满甜味，
做出的面包超抢手，
小心吃上瘾哦！

分量

约

495克

材料

冷水 150 克　液体植物油 20 克　洋葱 130 克（约 1/2 个）

细砂糖 15 克　盐 3 克（约 3/4 茶匙）

高筋面粉 260 克　速发干酵母 2 克（约 1/2 茶匙）

表面装饰：洋葱丝 25 克　乳酪丝 30 克　黑胡椒粉 1/8 茶匙（图 1）

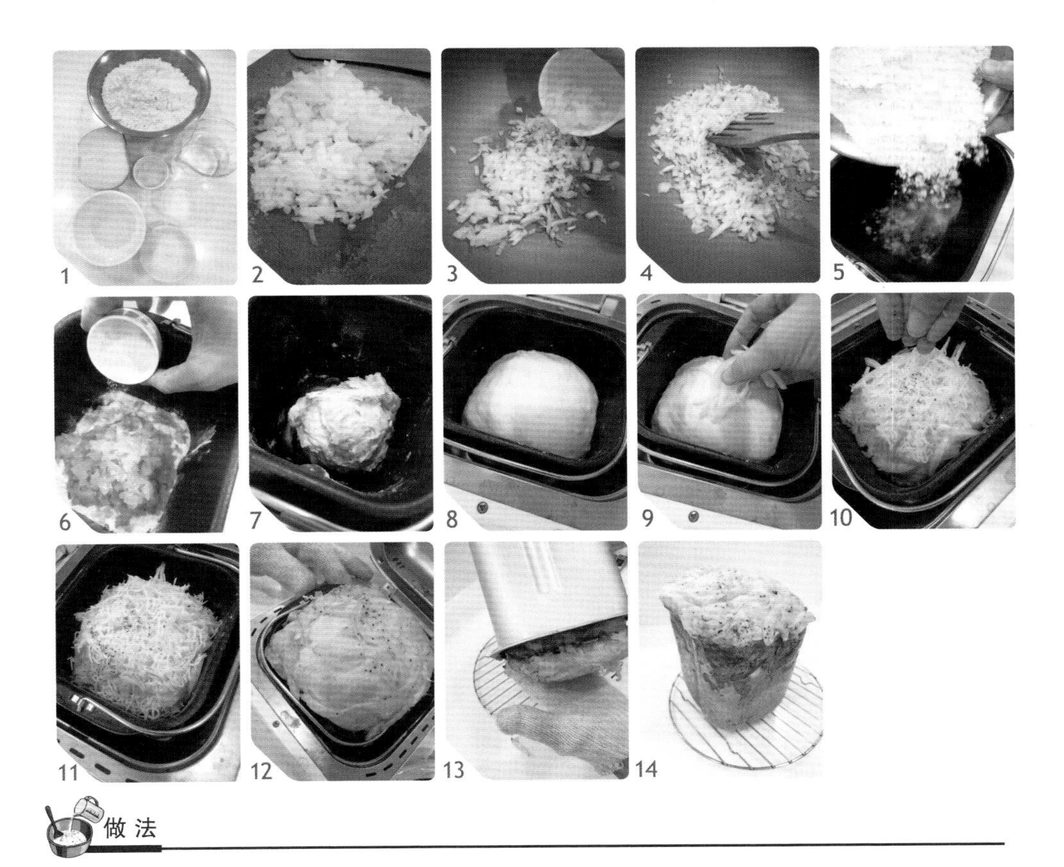

做法

1. 洋葱切末。（图 2）
2. 锅中倒入液体植物油，烧至油温热后将洋葱末放入，以小火翻炒 7~8 分钟至呈半透明状，盛起放凉备用。（图 3、4）
3. 材料按顺序放入面包机内锅中，选择合适的行程，按下“开始”键。（图 5~7）
4. 在开始烘烤前 5 分钟时按下“暂停”键。（图 8）
5. 打开盖子，在发好的面团表面按顺序均匀铺撒洋葱丝、乳酪丝及黑胡椒粉，再盖上面包机盖子，按下“开始”键，继续烘烤行程。（图 9~11）
6. 烘烤时间到，将面包倒出，在铁网架上放凉即可。（图 12~14）

菠萝面包

甜香的菠萝面包是我的最爱，
这么好吃的面包赶紧跟好朋友分享吧！

分量

约

600克

材料

菠萝面皮：无盐黄油 60 克　鸡蛋液 30 克　低筋面粉 110 克
细砂糖 40 克　盐 1/8 茶匙（约 1 克）　香草酒 1/4 茶匙（图 1）
面团：牛奶 170 克　细砂糖 25 克　盐 1.3 克（约 1/4 茶匙）
高筋面粉 250 克　速发干酵母 2 克（约 1/2 茶匙）　葡萄干 30 克（图 2）
表面装饰：全蛋液、细砂糖各适量

做法

1. 黄油回温至室温，手指轻轻按压能压出手指印即可，切成小丁。（图 3）
2. 鸡蛋打散，取 30 克蛋液。（图 4）
3. 低筋面粉用滤网过筛。（图 5）
4. 黄油丁用手持打蛋器搅拌至呈乳霜状。（图 6、7）
5. 加入细砂糖及盐，搅打 2~3 分钟至膨松挺立状。（图 8~10）
6. 将 30 克鸡蛋液分 2~3 次加入其中，混合均匀。（图 11、12）
7. 加入香草酒搅拌均匀。（图 13~16）

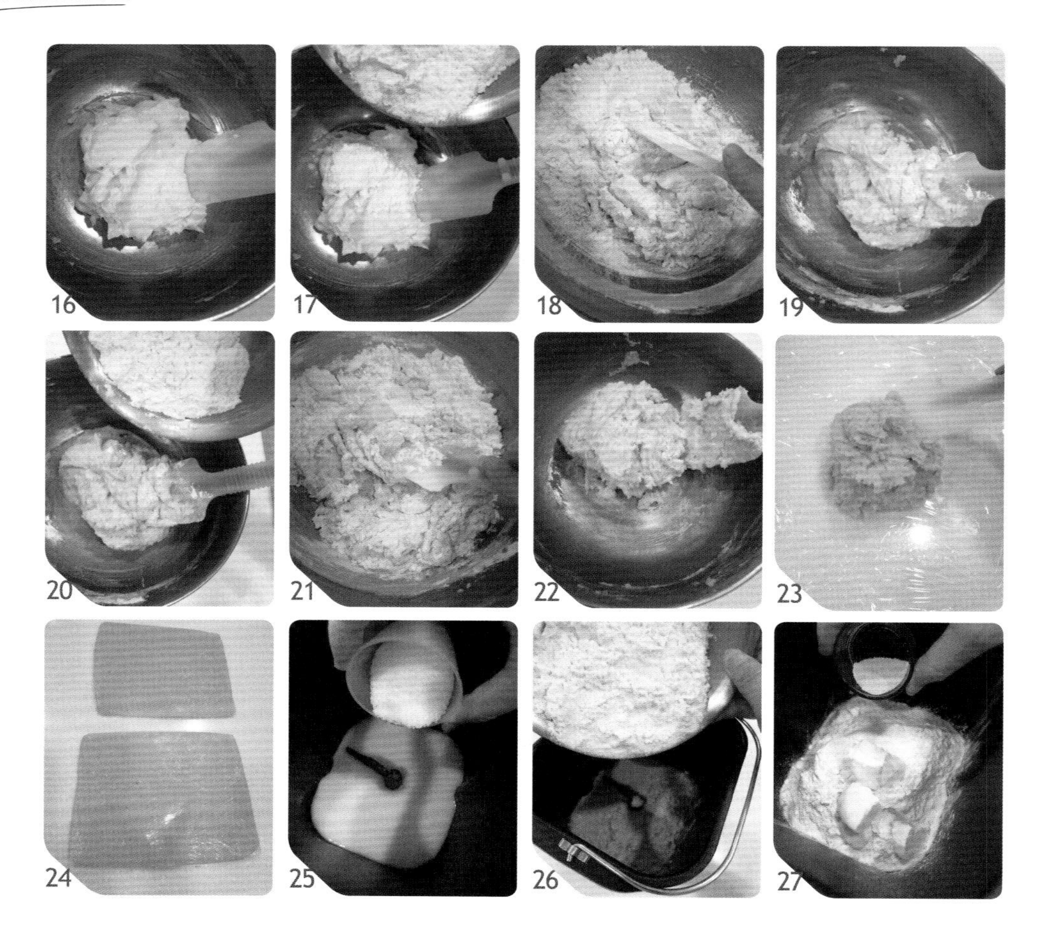

做法

8. 再将过筛的粉类分 2 次加入，使用刮刀按压的方式混合成团状。注意不要过度搅拌，避免面粉产生筋性，影响口感。（图 17~21）
9. 将完成的面团平均分成二等份，分别使用保鲜膜包覆，擀成与面包机烤模内径尺寸相同大小。（图 22、23）
10. 将面片放入冰箱冷藏室，冷藏约 30 分钟使其变硬。（图 24）
11. 将面团材料按顺序放入面包机内锅中（葡萄干除外），选择合适的行程，按下“开始”键。（图 25~28）
12. 在材料揉成团状时按下“暂停”键，加入葡萄干，再按下“开始”键继续揉面。若面包机带有果料盒，可直接放入盒中。（图 29~31）

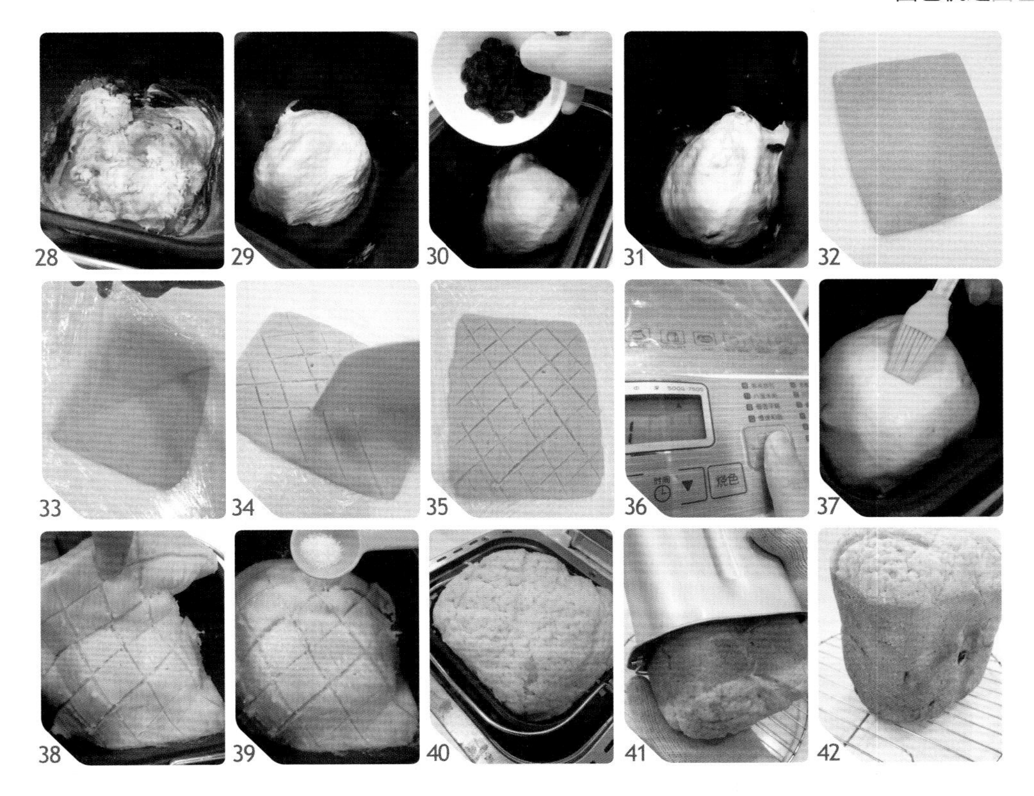

做法

13. 烘烤结束前 10 分钟时将菠萝皮从冰箱取出。（图 32）
14. 撕去保鲜膜，用刮板在菠萝面皮上压出交错斜线格纹。（图 33~35）
15. 面包机按下“暂停”键。（图 36）
16. 发酵好的面团表面轻轻刷上一层全蛋液。（图 37）
17. 将菠萝皮轻轻铺在面团表面，均匀撒上一些细砂糖，再按下“开始”键，盖上面包机盖子，继续之后行程。（图 38、39）
18. 烘烤完成后将面包倒出，放在铁网架上放凉。（图 40、41）
19. 等完全冷透再切。（图 42）

小叮咛

✓葡萄干可用其他果干代替。香草酒可以用兰姆酒代替或直接省略。

✓此菠萝皮分量可以制作 2 个面包，预先做好放冰箱冷冻，可以保存 3~4 个月。

✓将菠萝面皮材料中的低筋面粉去掉 10 克，换成无糖可可粉，做出来即是巧克力口味。

南瓜蔓越莓面包

南瓜泥加南瓜子，
带有蜂蜜的甜香，
是适合送礼的精致面包。

分量

约

535 克

材料

液体植物油 20 克　冷水 80 克
南瓜（去皮）100 克　蜂蜜 25 克
盐 1.3 克（约 1/4 茶匙）　高筋面粉 250 克
速发干酵母 2.5 克（约 3/4 茶匙）　蔓越莓果干 30 克（图 1）
表面装饰：蛋白少许　南瓜子 30 克

做法

1. 取南瓜切块，大火蒸 10 分钟至软烂，倒掉蒸出的液体。（图 2）
2. 趁热用叉子压成泥状，放凉备用。（图 3）
3. 将所有材料按顺序放入面包机内锅中（蔓越莓果干除外），选择合适的行程，按下“开始”键。（图 4~6）
4. 在材料揉成团状时按下“暂停”键，加入蔓越莓果干，再按下“开始”键继续揉面。若面包机带有果料盒，可直接放入盒中。（图 7、8）
5. 搓揉动作结束时按下“暂停”键，手上拍一些高筋面粉，将面团从面包机中取出。（图 9）
6. 案板上撒上些高筋面粉，将面团移到案板上，面团表面也撒上一些高筋面粉。（图 10、11）

做 法

7. 将面团滚圆，收口捏紧成圆形。（图 12、13）
8. 表面刷上一层蛋白液。（图 14）
9. 面团表面均匀沾上一层南瓜子。（图 15、16）
10. 取出内锅搅拌棒，将面团收口朝下，放回面包机内锅中。（图 17~19）
11. 在面团表面喷少许水。（图 20）
12. 烘烤时间到，将面包倒出，放在铁网架上放凉。（图 21~24）

小叮咛

√南瓜品种不同，含水量也有差异，所以液体可以视面团实际干湿状态斟酌调整。

Cakes

第二篇

面包机之蛋糕篇

面粉加上鸡蛋、牛奶等材料再烘烤，
刚出炉的手工蛋糕令人意犹未尽。
甜点是疗愈心灵的魔术师，
午茶时间吃一口甜点，
可以放松心情，释放生活中的压力。

香橙蛋糕

自家熬煮的蜜橙酱，
是蛋糕好吃的秘密！

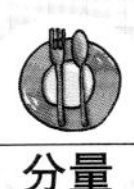

分量

3~4
人份

材料

鸡蛋（冰）3个（净重约160克）　无盐黄油50克
细砂糖60克　低筋面粉80克　柠檬汁1/2茶匙
蜜渍橙皮酱60克（做法参考本书p.149）
（图1）

做法

1.将鸡蛋的蛋黄及蛋白仔细分开（蛋白不可以沾上蛋黄、水及油脂）。（图2）
2.无盐黄油隔水加热化开成液体。（图3）
3.低筋面粉过筛。（图4）
4.蛋白先用打蛋器打出一些泡沫，然后加入柠檬汁及细砂糖，打成尾端挺立的蛋白霜（干性发泡）。（图5~9）

5. 加入蛋黄混合均匀。（图10、11）
6. 分2次加入低筋面粉，用切拌手法混合均匀。（图12、13）
7. 加入化开的无盐黄油，用切拌手法混合均匀。（图14、15）
8. 最后加入蜜渍橙皮酱，快速混合均匀。（图16~18）
9. 完成的面糊倒入面包机内锅中。（图19）
10. 内锅放回面包机中安装好。（图20）
11. 选择自订行程“烘烤”功能（烤色浅或中）40分钟。设定时间到，用竹签插入烤好的蛋糕中心，拔出后看不到粘有面糊即可倒出。（图21）
12. 置于铁网架上冷却。（图22）

小叮咛

√竹签插入烤好的蛋糕中心，拔出时若粘有面糊，说明没有完全烤熟，需延长烘烤时间3~5分钟。

蜂蜜蛋糕

甜滋滋软绵绵，
这款蛋糕让人回到儿时！

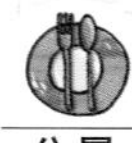

分量

3~4

人份

材料

鸡蛋（室温）3个（净重约160克）

蜂蜜20克　牛奶30克

高筋面粉90克　细砂糖50克（图1）

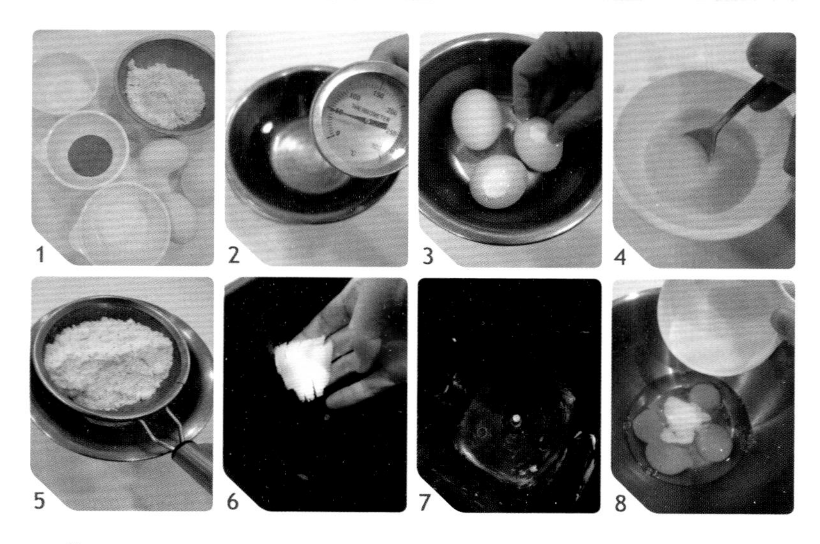

做法

1. 鸡蛋放入50℃温开水中，浸泡5分钟。（图2、3）
2. 蜂蜜中加入牛奶，混合均匀备用。（图4）
3. 高筋面粉过筛。（图5）
4. 面包机内锅的内壁涂抹一层无盐黄油（另取，不在配料表中）。（图6、7）
5. 细砂糖加入鸡蛋中。（图8）

小叮咛

✓鸡蛋用温水浸泡，可以提高蛋液的温度，有利于后面的操作。

✓这款蛋糕使用高筋面粉制作，口感比较有弹性，如果您喜欢松软口感，可以用低筋面粉代替。

✓竹签插入烤好的蛋糕中心，拔出时若粘有面糊，说明没有完全烤熟，需延长烘烤时间3~5分钟。

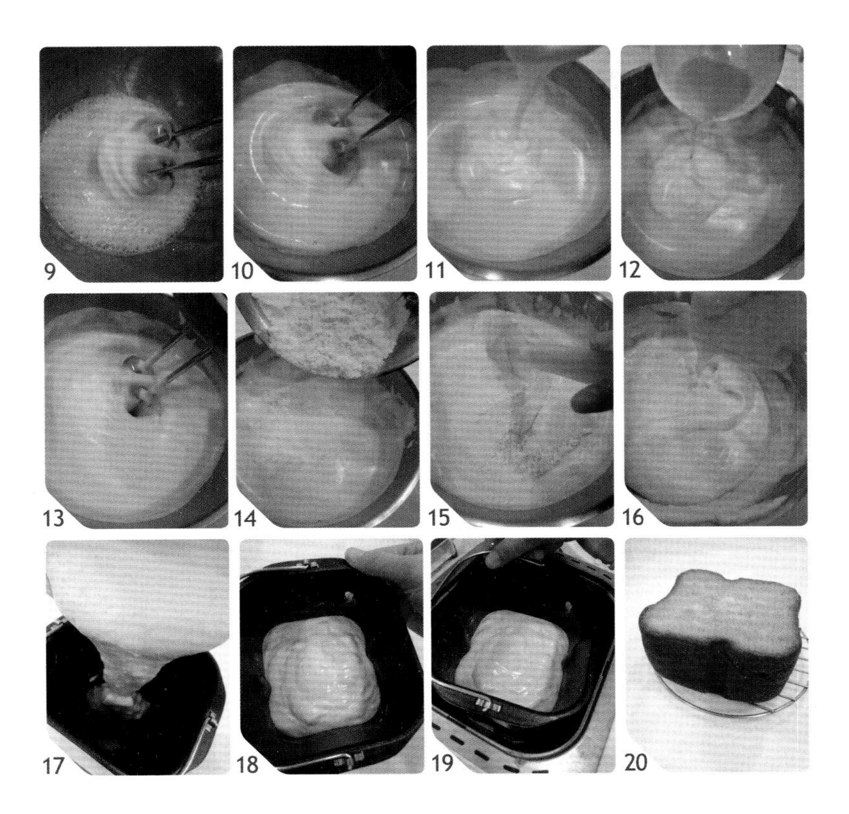

6. 高速搅打至蛋液膨松，拿起打蛋器时流下的蛋液会形成明显的痕迹。（图9~11）
7. 加入牛奶蜂蜜混合液，用切拌手法混合均匀。（图12、13）
8. 将高筋面粉分2次加入，用切拌手法混合均匀。（图14~16）
9. 完成的面糊倒入面包机内锅中。（图17）
10. 双手拿起内锅在桌上轻敲几下，震去较大的气泡。（图18）
11. 内锅放回面包机中，选择自订行程“烘烤”功能（烤色浅或中）40分钟。设定时间到，用竹签插入烤好的蛋糕中心，拔出后看不到粘有面糊即可倒出。（图19）
12. 置于铁网架上稍微冷却，立即放入耐热食品保鲜袋内密封保存，避免干燥，完全冷却后再切片食用。（图20）

大理石海绵蛋糕

双色面糊交织在蛋糕中，
一次品尝两种口味！

分量

3~4
人份

材料

鸡蛋（室温）3个（净重约160克）
低筋面粉80克　细砂糖50克　液体植物油25克
无糖可可粉3克（图1）

做法

1. 鸡蛋放入50℃温开水中，浸泡5分钟。（图2）
2. 低筋面粉过筛。（图3）
3. 细砂糖加入鸡蛋，以高速搅打至蛋液膨松，拿起打蛋器时流下的蛋液会形成明显的痕迹。（图4~6）
4. 分2次加入低筋面粉，用切拌手法混合均匀。（图7~9）
5. 加入液体植物油，用切拌手法混合均匀。（图10~12）

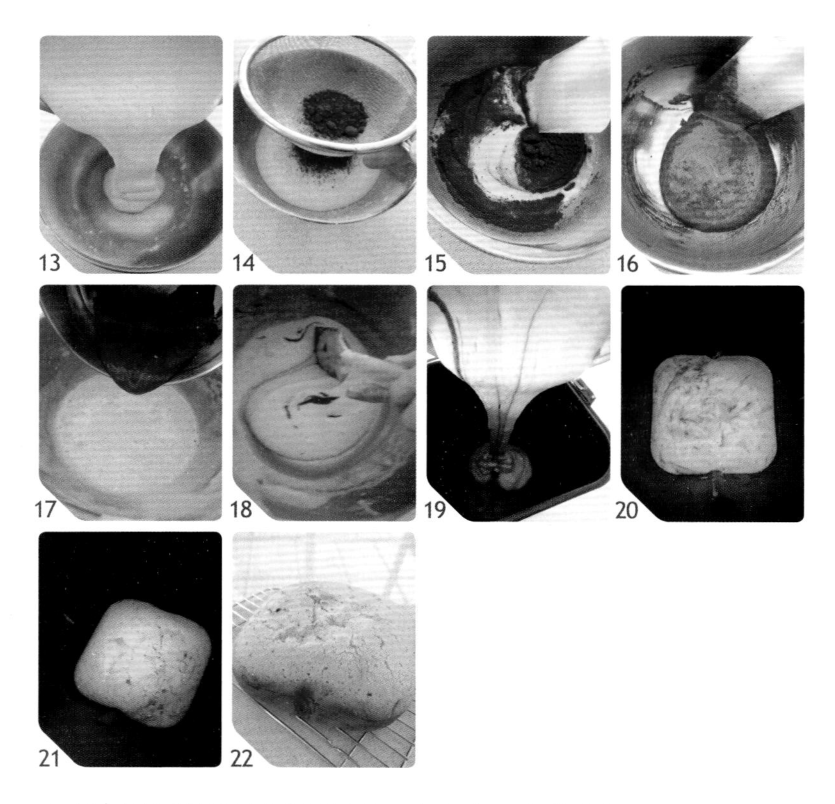

7. 完成的面糊倒约50克至另外一个碗中。（图13）
8. 加入过筛的无糖可可粉，用切拌手法混合均匀。（图14~16）
9. 巧克力面糊倒入原味面糊中，快速混合2~3下会呈现大理石纹。（图17、18）
10. 面包机内锅的内壁涂抹一层无盐黄油（另取，不在配料表中），面糊倒入面包机内锅中。（图19）
11. 双手拿起内锅在桌上轻敲几下，震去较大的气泡，放回面包机中安装好，选择自订行程“烘烤”功能（烤色浅或中）40分钟。（图20）
12. 设定时间到，用竹签插入烤好的蛋糕中心，拔出后看不到粘有面糊即可倒出。（图21）
13. 置于铁网架上冷却。（图22）

小叮咛

✓竹签插入烤好的蛋糕中心，拔出时若粘有面糊，说明没有完全烤熟，需延长烘烤时间3~5分钟。

酒渍果干蛋糕

酒香浓郁，组织湿润，
这份手作感动送给我的好友！

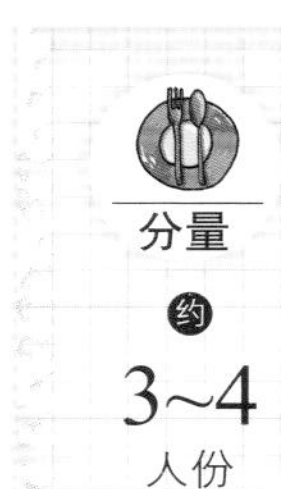

分量

约

3~4

人份

材料

鸡蛋（室温）3个（净重约160克）

无盐黄油50克　低筋面粉80克

酒渍果干（做法见本书p.111）60克

细砂糖50克（图1）

做法

1. 鸡蛋放入50℃温开水中浸泡5分钟；无盐黄油隔水加热化开成液状；低筋面粉过筛；将酒渍果干多余的酒滗掉。（图2~4）
2. 取下内锅的搅拌棒，内壁涂抹一层无盐黄油（另取，不在配料表中）。（图5）
3. 细砂糖加入鸡蛋中，以电动打蛋器高速搅打至蛋液膨松，拿起打蛋器时流下的蛋糊会形成明显的痕迹的程度。（图6~8）
4. 分2次加入低筋面粉，用切拌手法混合均匀。（图9、10）

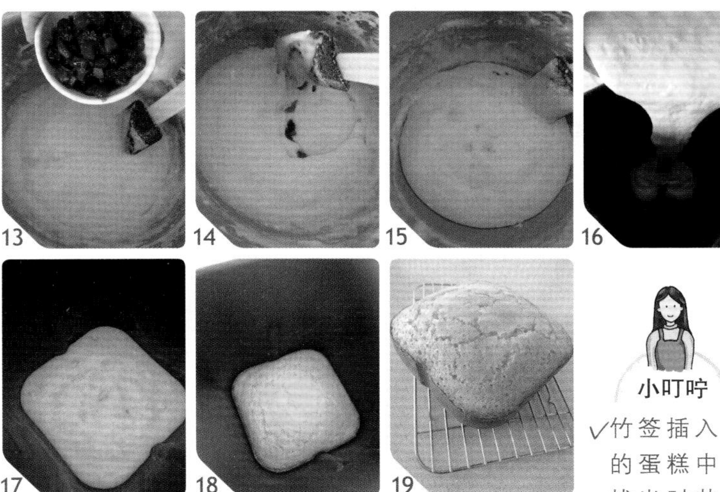

小叮咛

✓竹签插入烤好的蛋糕中心，拔出时若粘有面糊，说明没有完全烤熟，需延长烘烤时间3~5分钟。

5. 加入化开的无盐黄油，用切拌手法混合均匀。（图11、12）
6. 加入酒渍果干快速混合均匀。（图13~15）
7. 面糊倒入面包机内锅中，双手拿起内锅在桌上轻敲几下，震去较大的气泡，再将内锅放回面包机中安装好，选择自订行程“烘烤”功能（烤色浅或中）40分钟。（图16、17）
8. 设定时间到，用竹签插入烤好的蛋糕中心，拔出后看不到粘有面糊即可倒出。（图18）
9. 置于铁网架上冷却。（图19）

酒渍果干

材料｜葡萄干100克　　兰姆酒（或白兰地、威士忌均可）200克（图1）

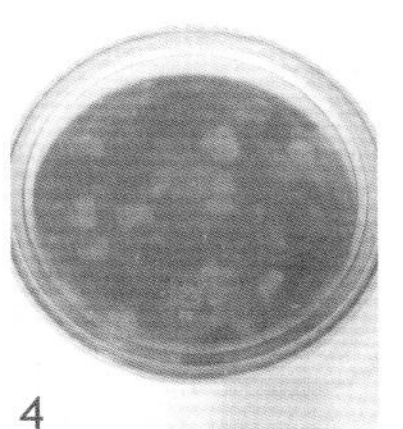

做法

1. 将葡萄干放入干净玻璃瓶中，注入酒，将葡萄干完全淹没。（图2、3）
2. 密封，放置室温1个月以上即可使用。越久越香，放一年都不会变质。（图4）

草莓鲜奶油蛋糕

两人世界如此甜蜜，
这是属于我们的纪念日！

分量

约

3~4

人份

材料

A.蛋糕体

鸡蛋（冰）3个（净重约160克）

低筋面粉80克　柠檬汁1/2茶匙　细砂糖50克

液体植物油35克（图1）

B.装饰鲜奶油

动物性鲜奶油200克　细砂糖20克（图2）

C.糖浆＆水果夹层

蜂蜜1茶匙　兰姆酒1/2大匙　草莓200克

做法

1. 动物性鲜奶油中加入细砂糖，用电动打蛋器以低速打发至挺立，放入冰箱冷藏备用。（图3~5）
2. 将鸡蛋的蛋黄及蛋白仔细分开（蛋白不可以沾上蛋黄、水及油脂）；低筋面粉过筛。（图6、7）
3. 面包机内锅的内壁涂抹一层无盐黄油（另取，不在配料表中）。（图8）

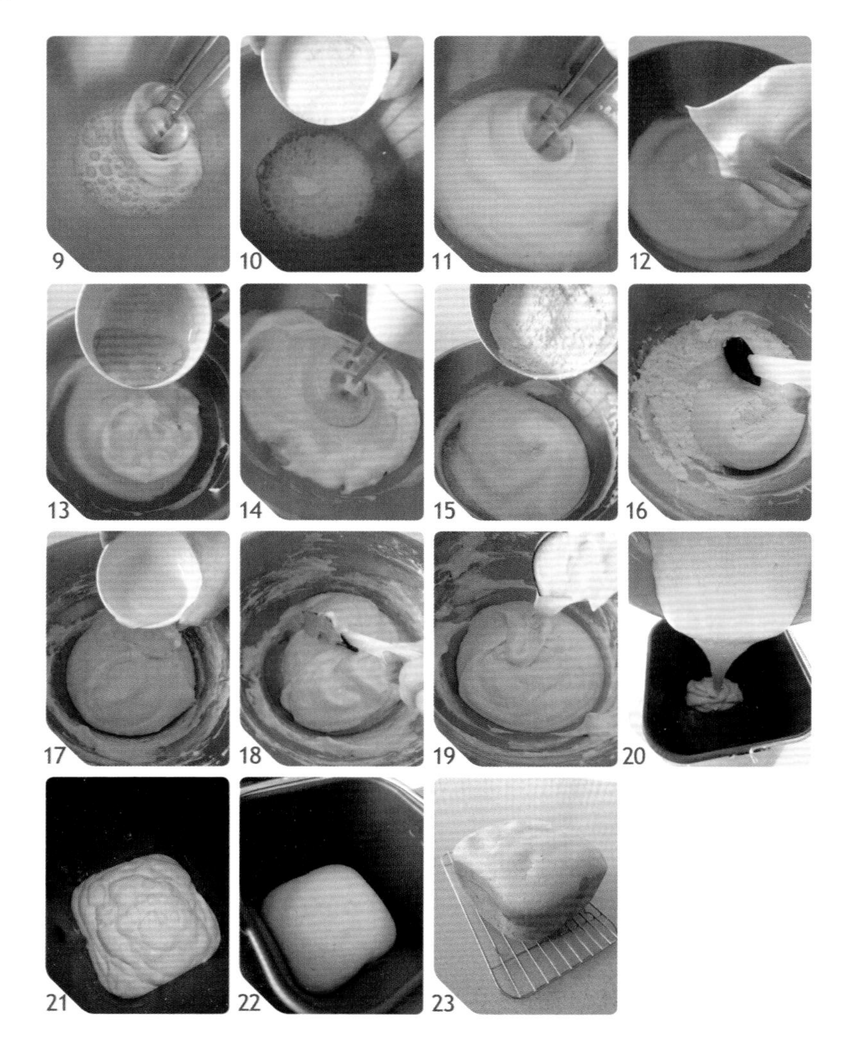

4. 蛋白先用打蛋器打出一些泡沫，然后加入柠檬汁及细砂糖，再打成尾端挺立的蛋白霜（干性发泡）。（图9~12）
5. 加入蛋黄快速混合均匀。（图13、14）
6. 分2次加入低筋面粉，用切拌手法混合均匀。（图15、16）
7. 加入液体植物油，用切拌手法混合均匀。（图17~19）
8. 完成的面糊倒入面包机内锅中，再将内锅放回面包机中安装好，选择自订行程“烘烤”功能（烤色浅或中）40分钟。（图20、21）
9. 设定时间到，用竹签插入烤好的蛋糕中心，拔出后看不到粘有面糊即可倒出。（图22）
10. 置于铁网架上，稍微冷却后密封，防止干燥。（图23）

12.蜂蜜、兰姆酒混合均匀成糖浆。（图24）

13.草莓洗干净，擦干水分，去蒂，其中2/3切成两半，剩余1/3保持完整。（图25）

14.蛋糕横剖成两半。（图26、27）

15.中间蛋糕片涂抹一层糖浆。（图28）

16.涂抹上一层打发的鲜奶油，铺放上草莓。（图29）

17.再涂抹一些鲜奶油。（图30）

18.盖上另一片蛋糕。（图31）

19.表面涂抹上鲜奶油，装饰上草莓即可。（图32~35）

小叮咛

✓竹签插入烤好的蛋糕中心，拔出时若粘有面糊，说明没有完全烤熟，需延长烘烤时间3~5分钟。

蔓越莓司康

还记得年轻岁月里
与伙伴在速食店打工的时光吗？

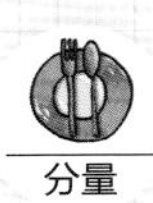
分量

约
4
人份

材料

无盐黄油（冰）30克　低筋面粉100克
泡打粉1茶匙　细砂糖15克　盐1/4茶匙
牛奶（冰）35克　蔓越莓果干30克
（图1）

做法

1. 无盐黄油切成小方块。（图2）
2. 低筋面粉与泡打粉混合均匀，过筛。（图3~5）
3. 加入细砂糖及盐，再次混合均匀。（图6、7）

4. 加入无盐冰黄油，用手将无盐黄油与面粉搓揉成松散的状态。（图8~10）
5. 倒入冰牛奶，快速抓捏混合均匀成团状。（图11~13）
6. 加入蔓越莓果干，快速混合均匀。（图14~16）
7. 将面团包覆保鲜膜整成方形，放入冰箱冷藏30分钟。（图17）
8.待面团稍微冻硬后从冰箱取出，撒些低筋面粉（另取，不在配料表中）。（图18）

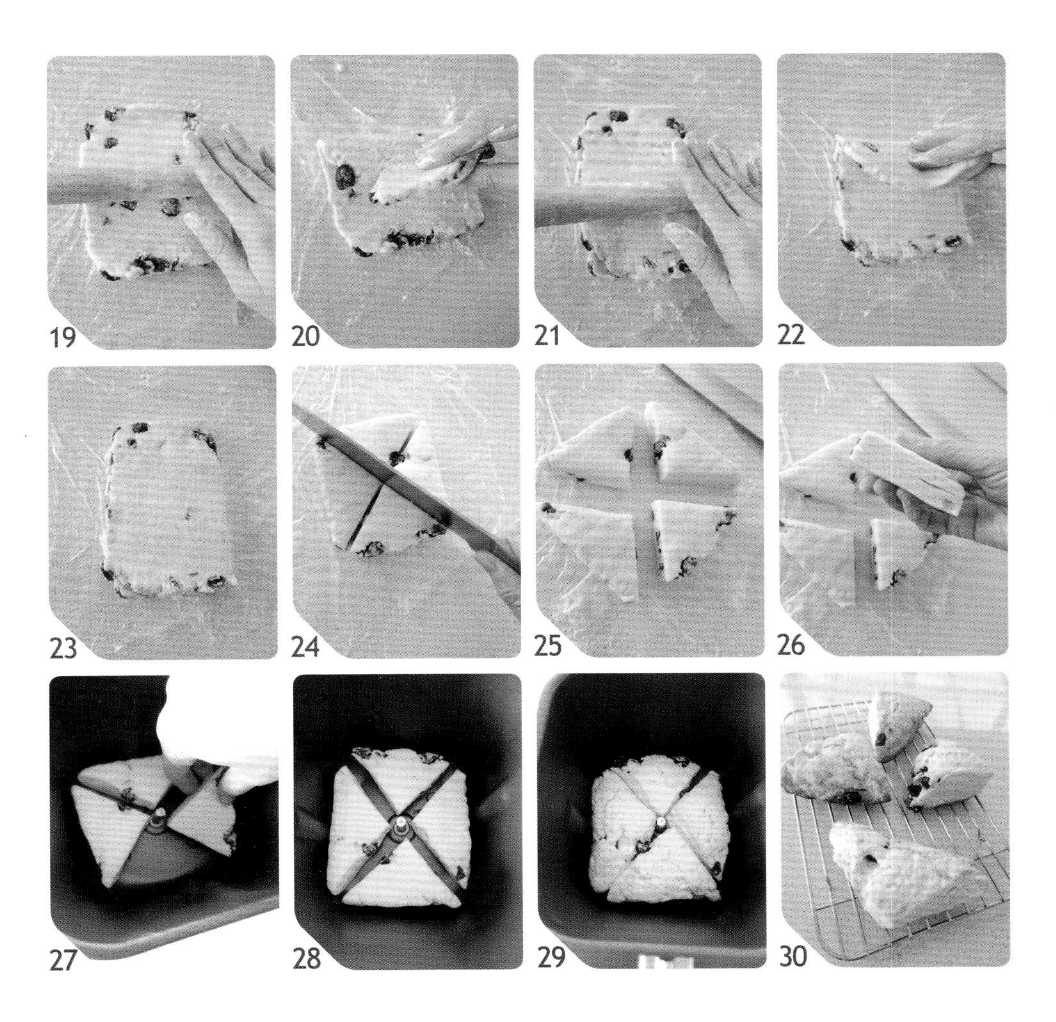

9. 将面团擀成长方形，重复对折→擀开的步骤3次。（图19~22）
10.最后将面团擀成与面包机底部大小相同的面皮。（图23）
11.沿对角切成4等份。（图24~26）
12.取出内锅搅拌棒，将面团放入内锅中，再放回面包机里。（图27、28）
13.选择自订行程“烘烤”功能（烤色深或中）25分钟，至面团膨胀、表面上色即可。（图29）
14.吃时剥开，搭配黄油及果酱趁热食用。（图30）

✓ 可以自行增减烘烤时间。

核桃布朗尼

巧克力让你甩开忧虑，
恢复好心情！

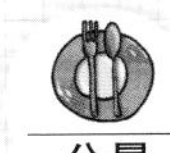

分量

约 3~4 人份

材料

鸡蛋（室温）1个（净重约65克）　低筋面粉43克
无糖可可粉7克　无盐黄油50克　核桃20克
细砂糖35克　杏仁粉10克　炼乳10克（图1）

做法

1. 鸡蛋放入50℃温开水中，浸泡5分钟；低筋面粉、无糖可可粉过筛；无盐黄油隔水加热化开成液体；核桃切碎。（图2~5）
2. 取下面包机内锅搅拌棒，内壁上涂抹一层无盐黄油（另取，不在配料表中）。（图6）
3. 鸡蛋磕入碗中，加入细砂糖，用电动打蛋器以高速搅打至蛋液膨松、拿起打蛋器时流下的蛋液会形成明显的痕迹的程度。（图7~10）

小叮咛

✓竹签插入烤好的蛋糕中心，拔出时若粘有面糊，说明没有完全烤熟，需延长烘烤时间3~5分钟。
✓如果没有杏仁粉，可以不用。

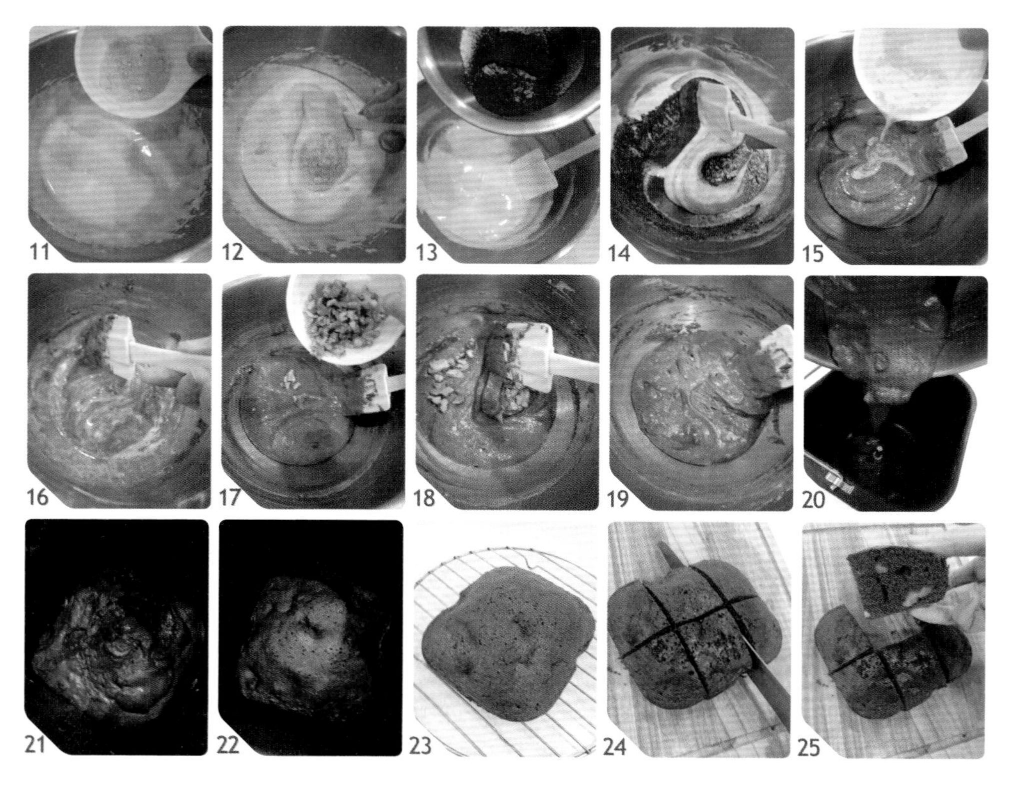

4. 加入杏仁粉混合均匀。（图11、12）
5. 分2次加入过筛的低筋面粉和可可粉的混合粉，用切拌手法混合均匀。（图13、14）
6. 加入炼乳、化开的无盐黄油，用切拌手法混合均匀。（图15、16）
7. 最后加入切碎的核桃，快速混合均匀。（图17~19）
8. 完成的面糊倒入面包机内锅中，在桌上轻敲几下，震去较大的气泡，再将内锅放回面包机中安装好。（图20、21）
9. 选择自订行程“烘烤”功能（烤色浅或中）30分钟，设定时间到，用竹签插入烤好的蛋糕中心，拔出后看不到粘有面糊即可倒出。（图22）
10. 置于铁网架上冷却。（图23）
11. 切块食用。（图24、25）

巧克力蛋糕

简单柔和的蛋糕
镶嵌着香甜的巧克力，
是咖啡的好搭档。

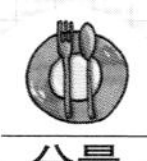

分量

约

3~4

人份

材料

鸡蛋（冰）3个（净重约160克） 低筋面粉70克
无糖可可粉10克 巧克力砖40克 柠檬汁1/2茶匙
细砂糖50克 液体植物油35克（图1）

1 2 3 4

5 6 7 8

9 10 11 12

做法

1. 将鸡蛋的蛋白和蛋黄小心分开（蛋白不可沾到蛋黄、水及油脂）；低筋面粉、无糖可可粉过筛；巧克力砖切碎。（图2~4）
2. 取下面包机内锅的搅拌棒，在内锅的内壁上涂抹一层无盐黄油（另取，不在配料表中）。（图5）
3. 蛋白先用打蛋器打出一些泡沫，然后加入柠檬汁及细砂糖。（图6~8）
4. 用电动打蛋器以高速搅打至蛋白膨松，拿起打蛋器，尾端呈现挺立的程度。（图9、10）
5. 加入蛋黄搅拌均匀。（图11、12）

6. 分2次加入过筛的粉，用切拌手法混合均匀。（图13~15）
7. 加入液体植物油，用切拌手法混合均匀。（图16~18）
8. 最后将巧克力碎放入，快速混合均匀。（图19、20）
9. 面糊倒入面包机内锅中，在桌上轻敲几下，震去较大的气泡，再将内锅放回面包机中安装好。（图21、22）
10. 选择自订行程“烘烤”功能（烤色浅或中）38~40分钟，设定时间到，用竹签插入烤好的蛋糕中心，拔出后看不到粘有面糊即可倒出。（图23）
11. 置于铁网架上冷却。（图24）

小叮咛

√竹签插入烤好的蛋糕中心，拔出时若粘有面糊，说明没有完全烤熟，需延长烘烤时间3~5分钟。

巧克力饼干乳酪蛋糕

浓郁乳酪加上香甜黑巧克力饼干，
如此诱人的味道，你还在等什么？

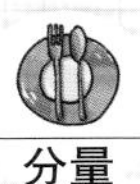
分量

约 3~4 人份

材料

A.饼干底

巧克力夹心饼干8片　无盐黄油20克（图1）

B.乳酪蛋糕馅

低筋面粉15克　奶油乳酪200克

细砂糖35克　鸡蛋（室温）1个（净重约55克）

牛奶30克　巧克力夹心饼干6片（图2）

做法

1. 取下面包机内锅的搅拌棒，在内锅里铺上一层铝箔纸。（图3）
2. 巧克力夹心饼干放入食品保鲜袋中敲碎。（图4、5）
3. 无盐黄油隔水加热化开成液体，倒入饼干碎中，混合均匀。（图6~8）

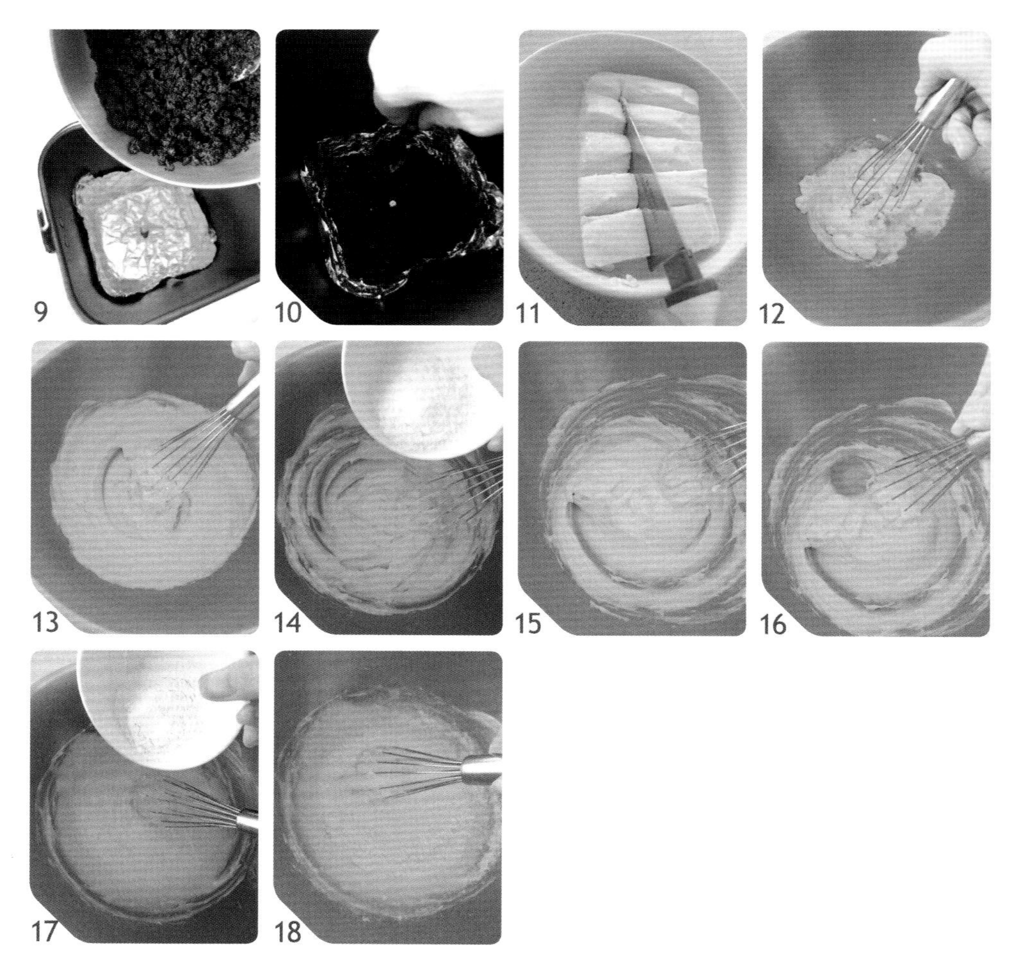

4. 低筋面粉过筛，将巧克力夹心饼干碎均匀铺放在铝箔纸上压实。（图9、10）
5. 奶油乳酪切小块，放入盆中，搅拌成乳霜状。（图11~13）
6. 加入细砂糖搅拌均匀。（图14、15）
7. 打入鸡蛋搅拌均匀。（图16）
8. 加入低筋面粉及牛奶搅拌均匀，即为乳酪面糊。（图17、18）

9.做好的乳酪面糊倒入面包机内锅中。（图19）

10.表面铺上剥成块状的巧克力夹心饼干。（图20）

11.在桌上轻敲几下，震去较大的气泡，再将内锅放回面包机中安装好。（图21）

12.选择自订行程“烘烤”功能（烤色浅或中）40分钟，设定时间到，用竹签插入烤好的蛋糕中心，拔出后看不到粘有面糊即可倒出。（图22）

13.完全冷却后，提着铝箔纸从内锅移出。（图23、24）

14.密封好，放入冰箱冷藏室冰一下，再撕开铝箔纸，切成块状食用。（图25、26）

✓竹签插入烤好的蛋糕中心，拔出时若粘有面糊，说明没有完全烤熟，需延长烘烤时间3~5分钟。

✓甜度可以自行调整。

✓可以使用任何品牌的巧克力夹心饼干。

倒扣苹果蛋糕

苹果的香甜，
全部浓缩在这方寸之间……

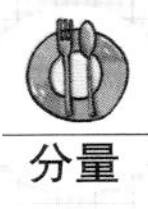
分量
约
3~4
人份

材料

A.苹果馅
苹果250克（去皮净重）　细砂糖50克
蜂蜜10克　无盐黄油10克　水30克（图1）
B.蛋糕面糊
鸡蛋（室温）1个（净重65克）　低筋面粉50克
无盐黄油50克　细砂糖35克　杏仁粉10克（图2）

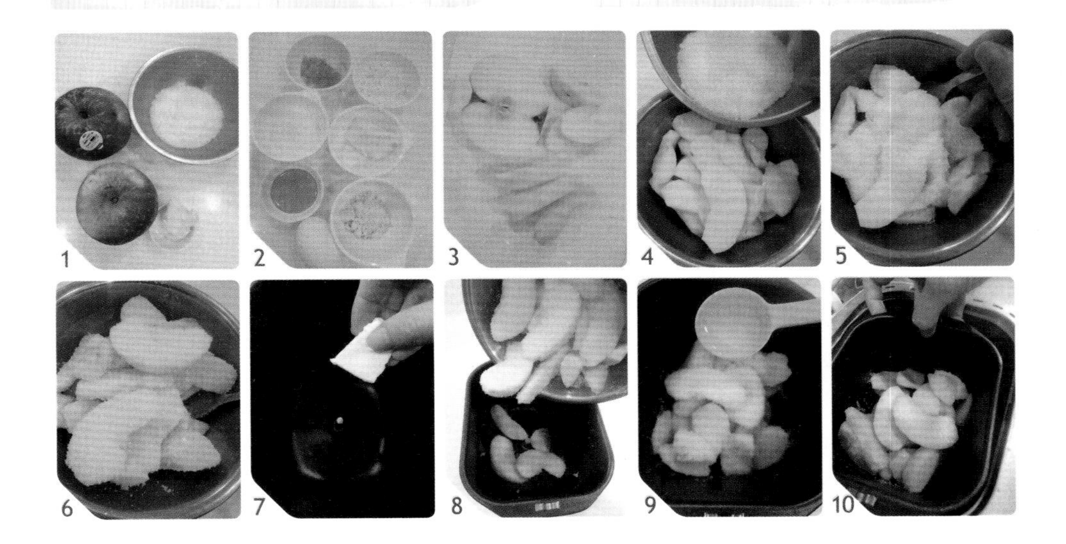

做法

A.制作苹果馅
1. 苹果去皮，切成片状。（图3）
2. 倒入细砂糖及蜂蜜混合均匀。（图4~6）
3. 取下内锅的搅拌棒，将无盐黄油、苹果及水放入内锅中，再将内锅放回面包机里安装好。（图7~10）

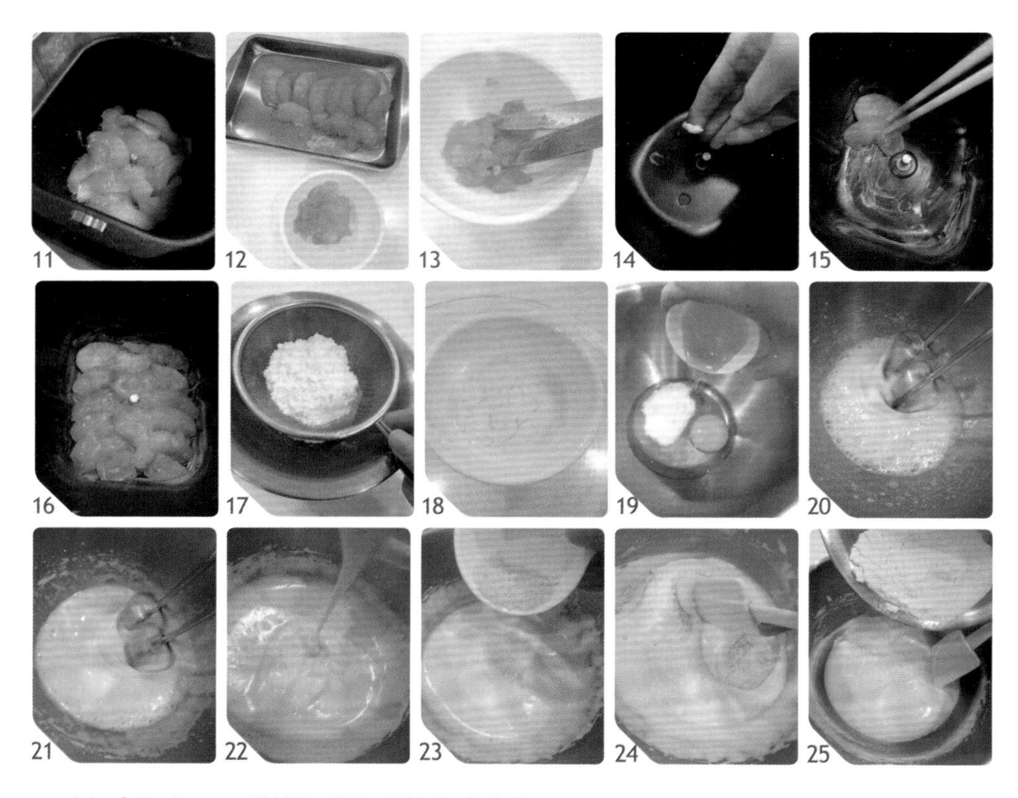

4. 选择自订行程“烘烤”功能（烤色浅或中）40~50分钟，煮至苹果呈现透明感即可。煮好后若感觉煮得程度不够，可以自行增加“烘烤”时间。（图11）
5. 将煮好的蜜苹果取出放凉，其中30克切碎备用。（图12、13）
6. 内锅清洗干净后擦干，在内壁上抹上一层无盐黄油（另取，不在配料表中）。（图14）
7. 蜜苹果片整齐铺放到内锅中备用。（图15、16）

B.制作蛋糕面糊

8. 鸡蛋放入50℃温开水中，浸泡5分钟。低筋面粉过筛。（图17）
9. 无盐黄油隔水加热化开成液体。（图18）
10. 细砂糖加入鸡蛋中，用电动打蛋器以高速搅打至蛋液膨松、拿起打蛋器时流下的蛋液会形成明显的痕迹的程度。（图19~22）
11. 加入杏仁粉混合均匀。（图23、24）
12. 分2次加入低筋面粉，用切拌手法混合均匀。（图25、26）

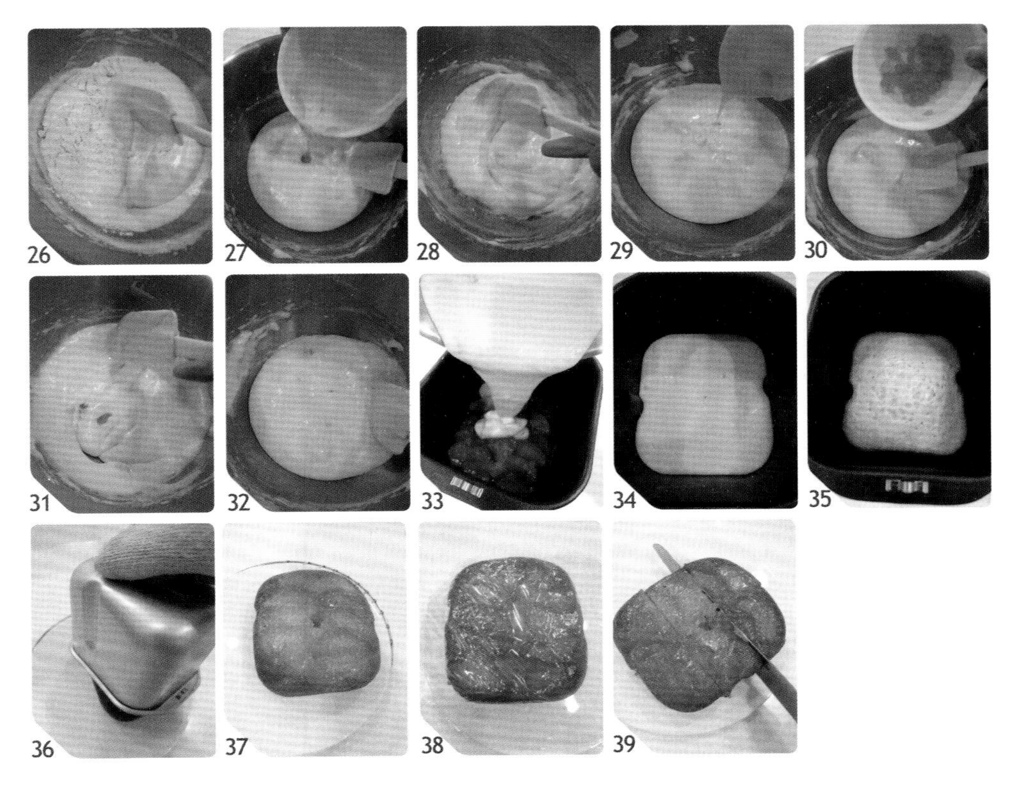

13.加入化开的无盐黄油，用切拌手法混合均匀。（图27~29）

14.最后加入切碎的蜜苹果，快速混合均匀。（图30~32）

15.做好的面糊倒入面包机内锅中，在桌上轻敲几下，震去较大的气泡，再将内锅放回面包机中安装好。（图33、34）

16.选择自订行程“烘烤”功能（烤色浅或中）40~45分钟。（图35）

17.设定时间到，用竹签插入烤好的蛋糕中心，拔出后看不到粘有面糊即可倒出。（图36）

18.置于铁网架上稍微冷却，用保鲜膜密封保湿。（图37、38）

19.切块食用。（图39）

小叮咛

√竹签插入烤好的蛋糕中心，拔出时若粘有面糊，说明没有完全烤熟，需延长烘烤时间3~5分钟。

√若没有杏仁粉，可以不用。

香蕉蛋糕

浓浓香蕉味，
这是从小吃不腻的味道！

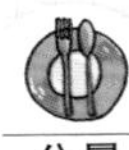

分量

约
3~4
人份

材料

鸡蛋（室温）2个（净重约120克）
香蕉1条（约100克）　无盐黄油60克
低筋面粉100克　细砂糖50克（图1）

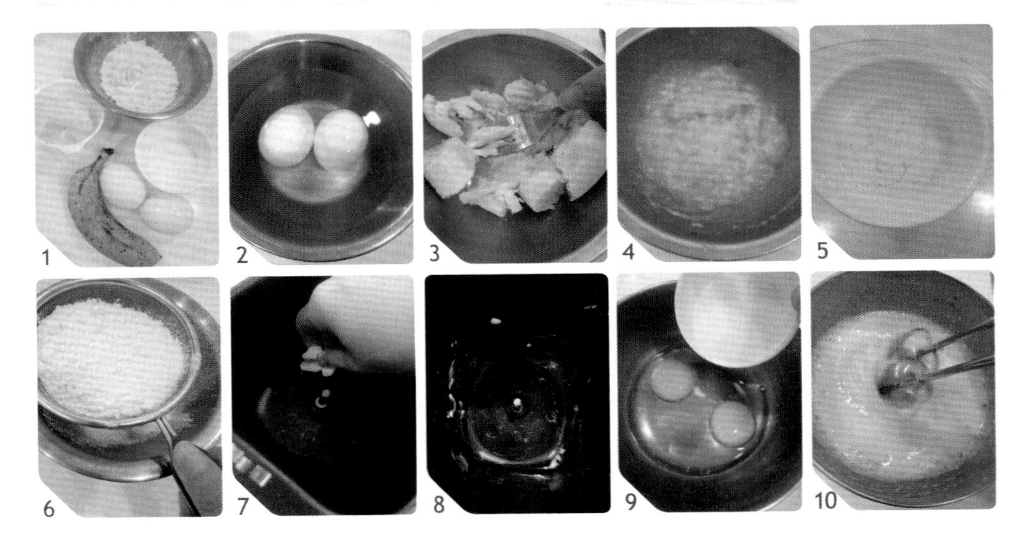

做法

1. 鸡蛋放入50℃温开水中，浸泡5分钟。（图2）
2. 香蕉用叉子压成泥状。（图3、4）
3. 无盐黄油隔水加热化开成液体。（图5）
4. 低筋面粉过筛。（图6）
5. 面包机内锅的内壁涂抹一层无盐黄油（另取，不在配料表中）。（图7、8）
6. 鸡蛋磕入打蛋盆中，加入细砂糖，用电动打蛋器以高速搅打至蛋液膨松、拿起打蛋器时流下的蛋液会形成明显的痕迹的程度。（图9~12）

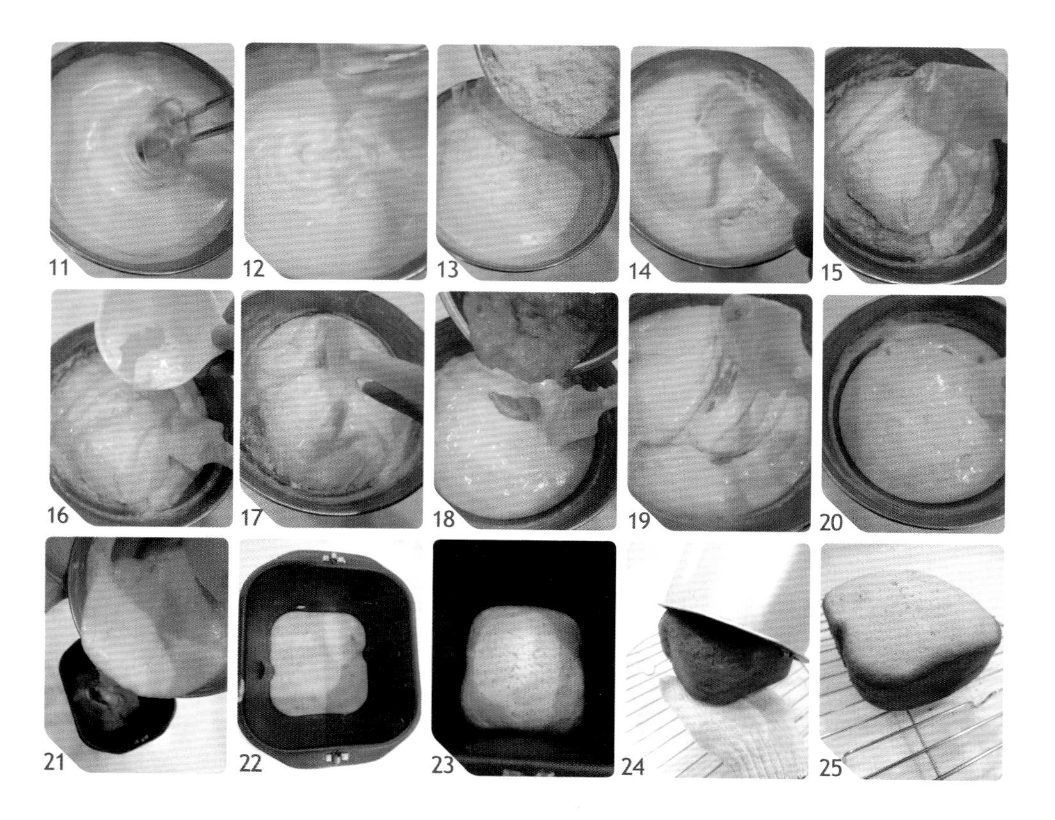

7. 分2次加入低筋面粉，用切拌手法混合均匀。（图13~15）
8. 倒入液体黄油，用切拌手法混合均匀。（图16、17）
9. 最后加入香蕉泥，用切拌手法混合均匀。（图18~20）
10. 面糊倒入面包机内锅中，在桌上轻敲几下，震去较大的气泡，再将内锅放回面包机中安装好。（图21、22）
11. 选择自订行程“烘烤”功能（烤色浅或中）30~32分钟。（图23）
12. 设定时间到，用竹签插入烤好的蛋糕中心，拔出后看不到粘有面糊即可倒出。（图24）
13. 置于铁网架上冷却。（图25）

小叮咛

✓竹签插入烤好的蛋糕中心，拔出时若粘有面糊，说明没有完全烤熟，需延长烘烤时间3~5分钟。

第三篇

面包机之美味小食篇

将本季盛产的水果加上糖一起熬煮，
就成为可以长时间保存的食品，
完成的手工果酱除了搭配面包食用，
既可以泡茶饮用，也是送礼的最佳心意。
而肉松、鱼松使用新鲜的肉类
及海鲜制成，成品酥松可口，
最适合配粥食用。

蜂蜜金橘酱

细细熬煮，
将金橘的精华完整保存。

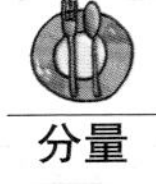

分量

成品

300克

材料

金橘350克　二砂糖100克

蜂蜜30克（图1）

做法

1. 玻璃瓶洗净，放入沸水锅中煮几分钟后晾干备用。（图2）
2. 金橘清洗干净，切成细条，去籽。（图3）
3. 取下内锅的搅拌棒，依次放入金橘、二砂糖及蜂蜜，再将内锅放回面包机中安装好。（图4、5）
4. 选择自订行程“果酱”功能1小时20分钟，至果酱变浓稠即可。设定时间到，若感觉不够浓稠，可自行增加烘烤时间。（图6）
5. 将果酱趁热倒入玻璃瓶中，倒扣至冷却。（图7~9）

小叮咛

✓糖使用二砂糖或冰糖，用量为果肉的25%~35%，可自行调整。

✓蜂蜜可以用细砂糖代替。

✓将果酱趁热装进玻璃瓶中，再倒放至凉，是为了让瓶中成为真空，有助于维持无菌状态。这样处理后，果酱不用放入冰箱冷藏，在室温下能保存3个月左右。但需注意，一旦打开瓶盖，就必须冷藏。冷藏条件下可保存一年左右。

✓草莓、葡萄等水果含水分比较多，所以建议选择自订行程“烘烤”功能，避免果汁喷溅出来。金橘因含水分量比较少，故可以选择自订行程“果酱”功能。

✓若您的面包机没有“果酱”功能，可选择“烘烤”功能代替。

分量

成品

250 克

材料

草莓300克　柠檬汁15克

细砂糖90克（约草莓重量的30%）（图1）

草莓果酱

大人小孩都爱的口味，
精心包装起来，
是受人欢迎的伴手礼！

做法

1. 玻璃瓶洗净，放入沸水锅中煮几分钟后晾干备用。（图2）
2. 草莓洗净，去蒂，对切，加入细砂糖及柠檬汁混匀，放置1小时。（图3~6）
3. 取出面包机内锅的搅拌棒，将草莓及产生的汤汁一并放入内锅中，再放回面包机里安装好。（图7、8）
4. 选择自订行程“烘烤”功能60分钟，煮至草莓变得透明且浓稠即可。设定时间到，若觉得不够浓稠，可以自行增加“烘烤”时间。（图9、10）
5. 将草莓酱趁热倒入玻璃瓶中，拧紧瓶盖，倒扣至冷却。（图11~13）

小叮咛

√将果酱趁热装进玻璃瓶中，再倒放至凉，是为了让瓶中成为真空，有助于维持无菌状态。这样处理后，果酱不用放入冰箱冷藏，在室温下能保存3个月左右。但需注意，一旦打开瓶盖，就必须冷藏。冷藏条件下可保存一年左右。

√成品可以抹面包，添加在甜点中或冲泡果茶饮用。

葡萄果酱

营养又美味的葡萄，
是做果酱的上佳选择！

分量

成品

250 克

材料

巨峰葡萄1串
（约400克）
细砂糖80克
柠檬汁15克（图1）

小叮咛

✓糖可以使用二砂糖或冰糖，分量约水果的20%~30%，可以自行斟酌调整。

✓做好的果酱储存方法参见p.141“小叮咛”。

做法

1. 玻璃瓶洗净，放入沸水锅中煮几分钟后晾干备用。（图2）
2. 巨峰葡萄清洗干净，逐颗切成4等份，去籽。（图3）
3. 将内锅的搅拌棒取下，依次将巨峰葡萄、细砂糖、柠檬汁放入内锅中，搅拌均匀，再将内锅放回面包机中安装好。（图4~7）
4. 选择自订行程“烘烤”功能，80~90分钟，煮至葡萄变透明且浓稠即可。若设定时间到后觉得不够浓稠，可以自行增加“烘烤”时间。（图8）
5. 将葡萄果酱趁热倒入玻璃瓶中，倒扣冷却即可。成品可以涂抹面包，添加在甜点中或是冲泡果茶饮用。（图9~11）

苹果酱

各式各样的水果酱，
为面包、甜点增添光彩。

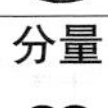

分量

成品

250克

材料

苹果300克（去皮净重） 细砂糖90克

柠檬汁15克 水150克（图1）

做法

1. 玻璃瓶洗净，放入沸水锅中煮几分钟后晾干备用。（图2）
2. 苹果去皮，切成小丁状。（图3）
3. 将内锅的搅拌棒取下，依次将苹果丁、细砂糖、柠檬汁及水放入内锅中，再放回面包机中安装好。（图4、5）
4. 选择自订行程“烘烤”功能40~50分钟，煮至苹果变透明且浓稠即可。设定时间到，若觉得不够浓稠，可以自行增加“烘烤”时间。（图6、7）
5. 趁热倒入玻璃瓶中倒扣至冷却，成品可以涂抹面包，添加在甜点中或是冲泡果茶饮用。（图8~10）

小叮咛

√糖可以使用二砂糖或冰糖，用量为果皮的35%~50%，可以自行斟酌调整。

√做好的果酱储存方法参见p.141“小叮咛”。

奇异果酱

将季节性强的水果
在盛产季熬制成容易保存的果酱，
把大自然的恩宠收藏，
也为新鲜出炉的面包加分！

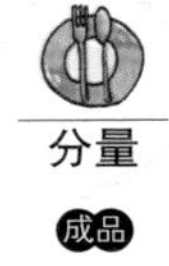

分量

成品

635 克

材料

熟软奇异果 400 克（去皮净重）
柠檬汁 15 克　　白糖 100 克（图 1）

做法

1.玻璃瓶洗净，放入沸水锅中煮几分钟后晾干备用。（图2）
2.奇异果对切，用汤匙将果肉挖出。（图3）
3.将奇异果肉切碎成泥状。（图4）
4.面包机内锅装上搅拌棒。（图5）
5.将奇异果、柠檬汁及糖依次倒入面包机内锅中。（图6）
6.内锅装回面包机里，选择“果酱”模式，盖上面包机盖子。（图7）
7.行程完成后，将果酱趁热倒进玻璃瓶中。（图8、9）
8.盖上瓶盖，瓶子倒放至完全冷却再放正即成。（图10~12）

11

12

蜜渍橙皮酱

秋季柑橘大量上市，
别忘了做成果酱，
收藏这一季的美味。

分量

成品
400克

材料

柑橘500克　　二砂糖100克
柠檬汁1大匙（图1）

做法

1. 玻璃瓶洗净，放入沸水锅中煮几分钟后晾干。（图2）
2. 柑橘清洗干净，挤出果汁；剥下果皮，切成细条。（图3、4）
3. 取下面包机内锅搅拌棒，依次将100克果汁、150克柑橘皮条放入锅中，加入二砂糖及柠檬汁，内锅放回面包机里安装好。（图5~7）
4. 选择自订行程“烘烤”功能1小时，煮至果酱浓稠即可。设定时间到，若觉得不够浓稠，可以自行增加“烘烤”时间。（图8）
5. 果酱趁热倒入玻璃瓶中，倒扣至冷却即可。（图9~12）

小叮咛

√糖可以使用二砂糖或冰糖，用量为果皮的35%~50%，可以自行调整。

√做好的果酱储存方法参见p.141“小叮咛”。

蜜渍橘片

完整的蜜渍橘片，

是极适合搭配甜点的材料！

分量

成品

400克

材料

茂谷柑1个（约200克）

细砂糖60克　柠檬汁1茶匙

蜂蜜1/2大匙（图1）

小叮咛

✓糖可以使用二砂糖或冰糖，用量为果皮的35%~50%，可自行调整。

✓蜂蜜可用细砂糖代替。

✓茂谷柑可用其他柑橘类代替。

做法

1. 茂谷柑用刷子蘸着食盐刷洗干净，连皮切成约0.3厘米厚的片。（图2）
2. 取下面包机内锅的搅拌棒，将细砂糖、茂谷柑片、柠檬汁、蜂蜜放入内锅中，再放回面包机里。（图3~6）
3. 选择自订行程"烘烤"功能1小时，煮至柑片变透明状且汤汁浓稠即可（约煮半小时后，将柑片上下翻搅一下），再放入冰箱冷藏保存，成品可以夹面包、装饰甜点或冲泡果茶饮用。（图7、8）

自制酸奶

注重健康的你，
要多吃点酸奶保持青春活力！

分量

成品

3~4
人份

材料

鲜奶300克
酸奶（市售）60克（图1）

小叮咛

✓完成的酸奶放入冰箱冷藏，可以保存一个星期。
✓自己做好的酸奶可以作为菌种，用来制作新的酸奶。

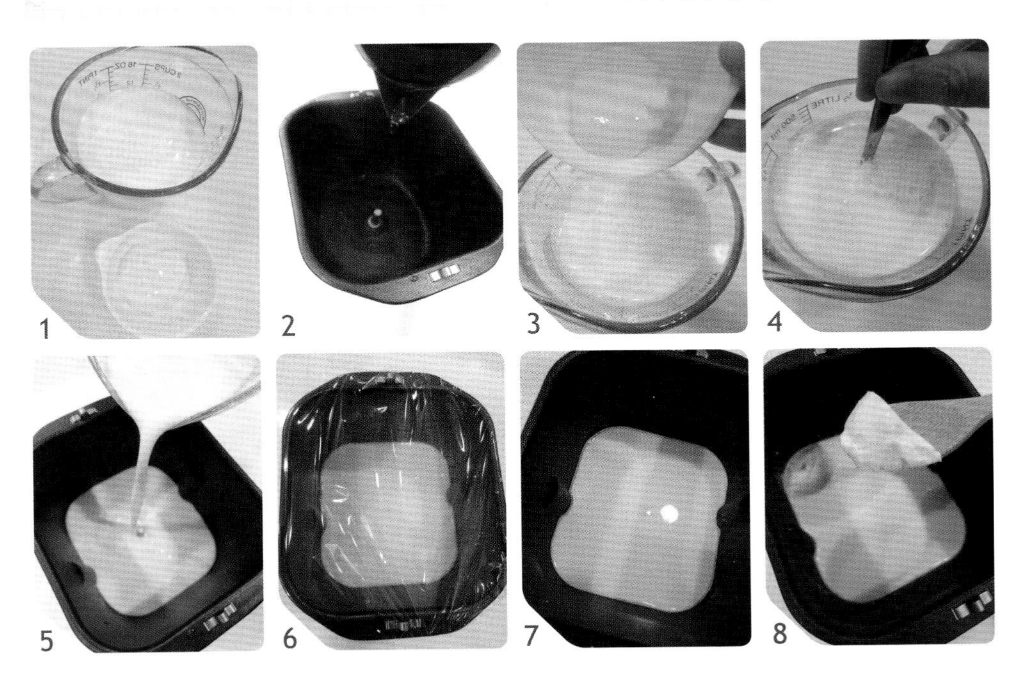

做法

1. 从冰箱取出鲜奶与酸奶，回温至室温。将面包机内锅的搅拌棒取出，用沸水将内锅冲洗一次消毒。（图2）
2. 酸奶加入鲜奶中，混合均匀后倒入面包机内锅里。（图3~5）
3. 内锅包覆保鲜膜，再放回面包机中安装好。（图6）
4. 选择自订行程“酸奶”（或“优酪乳”）功能6~8小时，至奶液呈凝固状即可。冷却后放入冰箱冷藏保存。搭配果酱一起食用，味道更好。（图7、8）

自制酸奶油

自家制作的酸奶油非常浓郁，
带着清爽的酸，
为甜点料理增添独特魅力！

分量

成品

250克

材料

动物性鲜奶油300克
原味酸奶30克（图1）

小叮咛

√动物性鲜奶油中乳脂肪含量约为35%。
√发酵行程结束后若觉得做出的酸奶油不够浓稠，可以自行增加发酵时间。

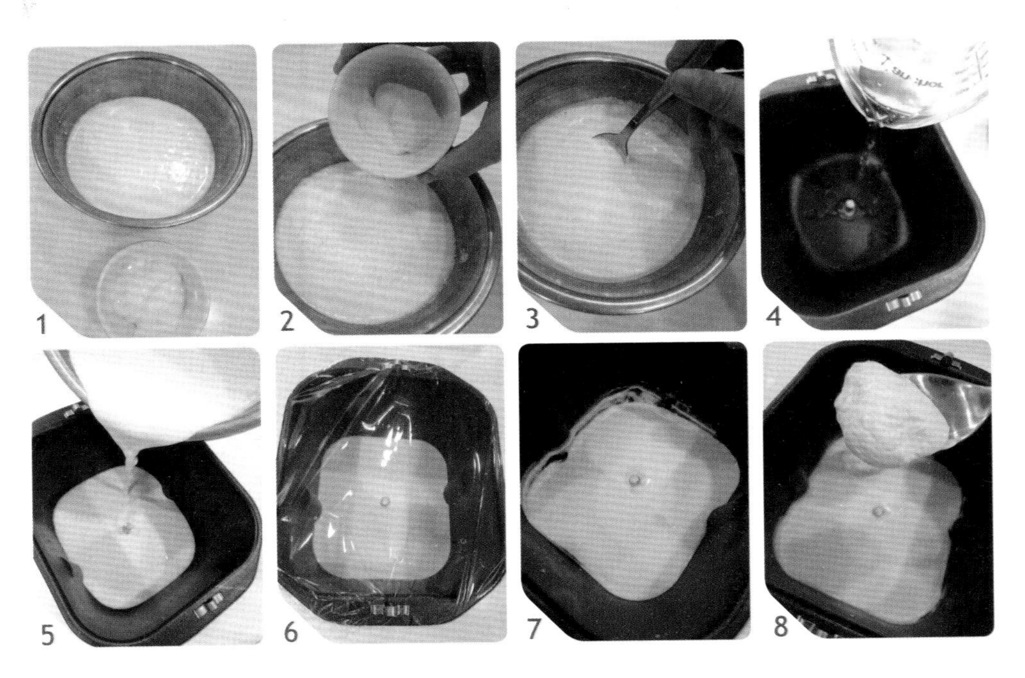

做法

1. 将动物性鲜奶油、原味酸奶混合均匀。（图2、3）
2. 取下面包机内锅的搅拌棒，用沸水冲洗内锅以杀菌消毒。（图4）
3. 将混合好的食材倒入面包机内锅中。（图5）
4. 内锅表面包覆一层保鲜膜，再放回面包机中安装好。（图6）
5. 选择自订行程“酸奶”（或“优酪乳”）功能6~8小时，发酵至奶液凝固，放冷后装入玻璃瓶中，放入冰箱冷藏，约可保存5~7天。成品可以添加在蛋糕或料理中使用。（图7、8）

自制发酵奶油

原来制作发酵奶油如此简单，
姐妹快来尝试看看！

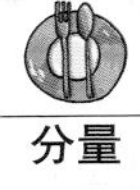
分量

成品
200克

材料

自制酸奶油250克（参考本书p.155的做法）
盐1克（约1/4茶匙）（图1）

1. 请先参考自制酸奶油做法，完成酸奶油。（图2）
2. 将完成的酸奶油倒至深工作盆中。（图3）
3. 用电动打蛋器以低速度搅拌。（图4）
4. 持续搅拌15~20分钟至酸奶油呈现油脂分离的状态。（图5、6）
5. 倒至铺放咖啡滤纸的滤网上，静置30~60分钟让水分分离。（图7~9）
6. 加入盐混合均匀即完成。成品可以代替奶油涂抹在面包上，放入冰箱冷藏，可保存约半年。（图10~12）

小叮咛

✓盐的用量可以自行加减，或直接省略。

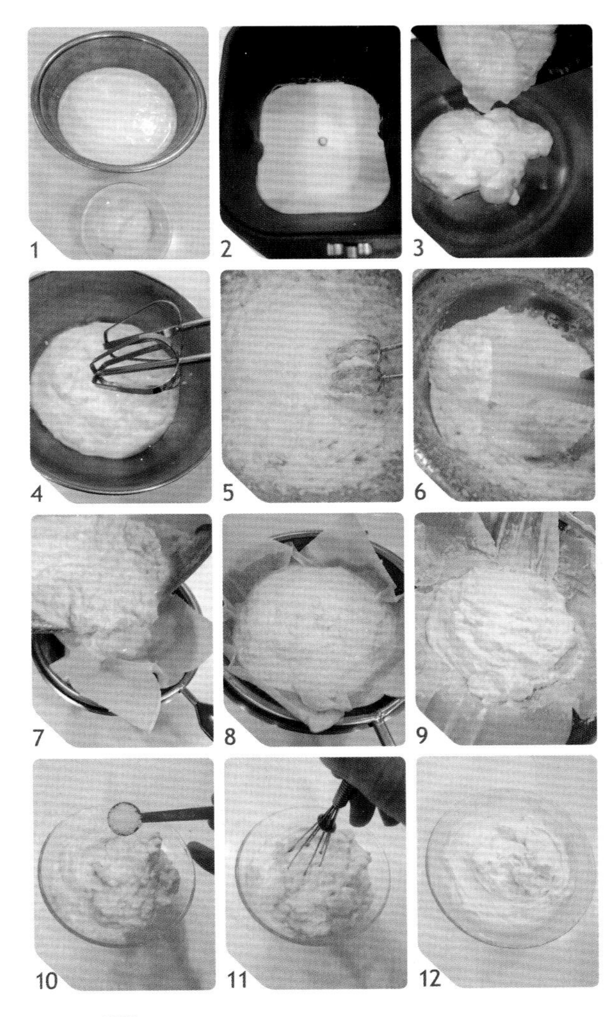

喝一杯日本甘酒，

甜到心坎。

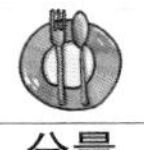

分量

5~6

人份

材料

圆糯米160克　水150克（泡米用）
水160克（焖煮用）　米曲200克
温开水（50℃）320克（图1）

小叮咛

✓米曲为日本制作发酵食品的材料，可以在网店买到。

✓完成的甘酒放冰箱冷藏保存至少1~2个月。

做法

1. 圆糯米淘洗2次，再加入150克水浸泡一夜。（图2、3）
2. 将浸泡的糯米的水滤掉。（图4~6）
3. 取下面包机内锅的搅拌棒，将泡好的圆糯米放入内锅中，加入160克水。内锅表面包覆铝箔纸，安装到面包机上。（图7）
4. 选择自订行程“烘烤”功能60分钟，焖煮成糯米饭。（图8）
5. 取出内锅，搅拌糯米饭散热降温至55℃。（图9~11）
6. 将米曲及温开水加入糯米饭中混合均匀。（图12、13）
7. 内锅包覆保鲜膜，再放回面包机中安装好。（图14）
8. 选择自订行程“米酒”（或“发酵”）功能10~12小时，至充满酒香并有甜味产生。成品可以直接饮用，也可加热后饮用。（图15、16）

酒酿

有了面包机，
不用再发愁温度不好控制，
随时都能享受滋味醇厚的酒酿。

分量

成品

5~6

人份

材料

圆糯米150克　水200克（泡米用）
水160克（焖煮用）　酒曲菌1.5克
温开水（40℃）50克（图1）

小叮咛

✓酒曲菌在超市或网店都可以买到。
✓完成的酒酿放冰箱冷藏，可保存半年以上。

做法

1. 圆糯米淘洗2~3次，加入200克水浸泡一夜，然后把水滤掉。（图2、3）
2. 取下面包机内锅的搅拌棒，将泡好的圆糯米放入内锅中。加入160克水。内锅表面包覆铝箔纸，再放回面包机里安装好。（图4）
3. 选择自订行程“烘烤”功能60分钟，焖煮成糯米饭。（图5）
4. 取出内锅，将糯米饭搅拌散热降温至35℃。（图6）
5. 用擀面棍将酒曲菌压碎。（图7）

6. 取一半酒曲菌，加入50克温开水混合均匀，然后一并倒入糯米饭中混合均匀。（图8~11）
7. 另一半酒曲菌均匀地撒在糯米饭表面，内锅包覆保鲜膜，再放回面包机中安装好。（图12、13）
8. 选择自订行程“米酒”（或“发酵”）功能44~48小时，至充满酒香并有甜味产生即可。（图14~15）
9. 移除保鲜膜，内锅表面包覆铝箔纸后再放回面包机中安装好，选择自订行程“烘烤”功能（烤色“浅色”）15分钟，将甜酒酿煮沸，完全冷却后倒入干净且烘干的玻璃瓶中，放入冰箱冷藏。成品可以直接吃或煮汤圆时添加食用。（图16、17）

驴打滚

是不是看起来超正宗？
这份传统美味的中式点心，
一定要亲手做做看。

分量

成品

3~4

人份

材料

圆糯米150克
水150克（浸泡用）
水130克（焖煮用）
（图1）

内馅

红豆沙馅180克
（若自制，请参考本书p.176~177）
熟黄豆粉适量
黑糖蜜适量

做 法

1. 圆糯米淘洗2~3次，加入150克水浸泡一夜，滤掉浸泡的水。（图2~5）
2. 将面包机内锅的搅拌棒安装好，倒入泡好的圆糯米，加入130克水。内锅表面包覆铝箔纸，再放回面包机中安装好。（图6~8）
3. 选择自订行程“年糕”功能约1小时，等机器开始搅拌时按下“暂停”键，将细砂糖加入，再按“启动”键搅拌，约5分钟后停止（此时糯米团中还有部分是米粒的状态）。（图9）
4. 将糯米团从内锅中取出。（图10）

5. 放在抹了适量油的保鲜膜上。（图11）
6. 手上沾点冷开水，将糯米铺平成长方形。（图12~14）
7. 上面均匀地铺一层红豆沙馅。（图15）
8.借助保鲜膜将糯米卷起成条状。（图16~19）
9.切成合适长度的段。（图20）
10.吃的时候撒上一层熟黄豆粉，淋上黑糖蜜即可。（图21）

小叮咛

√做好的当天要吃完，因为糯米制品不适合冷藏或冷冻，会变硬而失去软糯的口感。
√自制黑糖蜜：取黑糖50克、蜂蜜1/2大匙（8克）、水25毫升，混合均匀煮沸放凉即可。

草莓大福

在草莓大量上市的季节，
不要错过这一款经典日式点心！

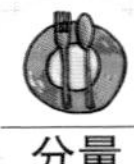

分量

成品

3~4

人份

材料

圆糯米150克　水150克（浸泡用）

水130克（焖煮用）

液体植物油1茶匙

日本太白粉（熟太白粉）适量（图1）

内馅

草莓6颗

红豆沙馅180克（若自制，可参考本书p.176~177）（图1）

做法

1. 圆糯米淘洗2~3次，加150克清水浸泡一夜。（图2~4）
2. 草莓洗净，去蒂擦干。（图5）
3. 将红豆沙馅平均分成6等份，每份30克，捏成团状。（图6）
4. 将红豆沙馅压扁成大圆片，把草莓由下往上包裹起来备用。（图7~9）

小叮咛

✓日本太白粉是熟粉，可以直接食用。若实在没买到，也可以将一般太白粉平摊在烤盘中，放入已预热150℃的烤箱中，烘烤6~7分钟，然后放凉即可。

✓一次不要做太多，当天做的当天要吃完。糯米制品不适合冷藏或冷冻，会变硬而失去软糯的口感。

5. 圆糯米泡好后，滤掉浸泡的水。（图10、11）
6. 将面包机内锅的搅拌棒安装好。（图12）
7. 将泡好的圆糯米放入内锅中，加入130克水。内锅表面包覆铝箔纸，再放回面包机中安装好。（图13、14）
8. 选择自订行程“年糕”功能，焖煮约1小时至糯米团熟软。等机器开始搅拌时按下“暂停”键，加入液体植物油，再按“启动”键继续搅拌约20分钟，至糯米团表面光滑无米粒即可。（图15）
9. 完成的糯米团放入铺了日本太白粉的盘子中摊平，切分成6等份。（图16、17）
10. 将糯米皮慢慢拉开，把包入草莓的红豆沙馅整个包住，捏紧，收口朝下放置。（图18~21）
11. 放在两手中心稍微整理一下造型，外皮滚一薄层日本太白粉以防粘。做好后用保鲜膜包覆住，避免干燥，尽早食用。（图22）

面包布丁

吃剩的吐司加上鸡蛋和牛奶，
马上变身华丽的午茶甜点！

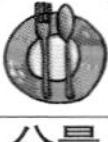

分量

成品

3~4
人份

材料

吐司面包2片（约70克）
鸡蛋（室温）2个（净重约100克）
细砂糖25克　　牛奶200克
酒渍果干（做法见本书p.111）1大匙（图1）

做法

1. 吐司面包切成小方块。（图2）
2. 取下面包机内锅的搅拌棒，在内锅的内壁上用无盐黄油涂抹均匀一层（另取，不在配料表中）。（图3）
3. 将面包块均匀铺放入内锅中。（图4、5）
4. 鸡蛋、细砂糖混合均匀。（图6~8）

5. 加入牛奶混合均匀。（图9、10）
6. 用滤网过滤入内锅中。（图11、12）
7. 表面均匀地撒上酒渍果干。（图13、14）
8. 将内锅放回面包机中安装好。（图15）
9. 选择自订行程“烘烤”功能（烤色中或深）30~35分钟，焖煮至蛋熟，盛出食用。（图16）

✓可以自行增减“烘烤”时间。
✓甜度请依照个人喜好调整。
✓若没有酒渍果干，可以直接省略或用葡萄干代替。

蜜芋头

好吃的芋头用冰糖仔细焖煮，
甜美的味道会带来惊喜！

分量 约 3~4 人份

材料

芋头500克
冰糖200克
水400克
米酒15克
（图1）

做法

1. 芋头去皮切块。（图2）
2. 取下面包机内锅的搅拌棒，将所有材料放入内锅中。内锅表面包覆铝箔纸，再放回面包机中安装好。（图3~5）
3. 选择自订行程“烘烤”功能（烤色中或深），焖煮50分钟至芋头软烂即可。（图6）

小叮咛

✓设定时间到，若觉得芋头不够软烂，可以自行增加“烘烤”时间。
✓蜜芋头冷吃热吃皆可，甜度请依照个人喜好调整。

烤地瓜

绵密松软的烤地瓜，
用面包机也能够完成！

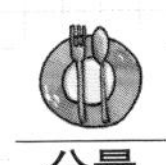
分量

约 3 人份

材料

地瓜3~4个
水3大匙
（图1）

做法

1. 地瓜连皮刷洗净。（图2）
2. 取下面包机内锅的搅拌棒，将地瓜放入面包机内锅中。（图3）
3. 内锅放回面包机中安装好，在地瓜上均匀淋上水，内锅表面包覆一层铝箔纸，再盖上面包机盖子。（图4）
4. 选择自订行程“烘烤”功能，时间设定2小时，烤色选择“深色”，烘烤至熟软即可。（图5）

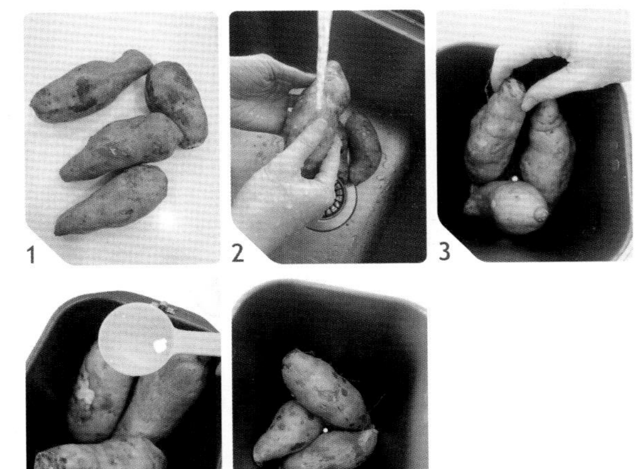

小叮咛

✓设定时间到，打开铝箔纸摸一下烤地瓜，若感觉还不够软，可以喷点水多烘烤一段时间。
✓地瓜尽量选择瘦长的，这样比较容易烤透。

奶油玉米

甜玉米抹上黄油与适量的盐，
烤出自然的原味。

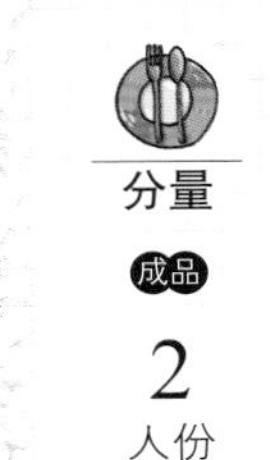

分量

成品

2
人份

材料

玉米2根　无盐黄油20克
盐1/4茶匙　水2大匙
（图1）

小叮咛

✓设定时间到，若玉米不够熟，可以自行增加“烘烤”时间。
✓咸度请依照个人喜好调整。
✓若使用有盐黄油，则可以不另加盐。

做法

1. 玉米清洗干净。在面包机内锅的内壁上均匀涂抹一层无盐黄油，撒上适量的盐。（图2、3）
2. 将玉米包覆一层铝箔纸。（图4、5）
3. 取下面包机内锅的搅拌棒，将玉米放入内锅中，均匀喷上7~8次水。内锅表面包覆铝箔纸，放回面包机中安装好。（图6）
4. 选择自订行程“烘烤”功能（烤色中或深），烤25~30分钟即可。（图7）

红豆沙馅

自己做红豆沙馅
可以控制成品的甜度，
好吃、简单又经济！

分量

成品

2~3

人份

材料

红豆100克　水300克

二砂糖60克

（图1）

小叮咛

✓设定时间到，若觉得红豆不够软烂，可以自行增加“烘烤”时间。

✓甜度可以依照个人喜好调整。

做法

1. 红豆清洗干净，加入300克水浸泡一夜。（图2、3）
2. 取下内锅的搅拌棒，将红豆和泡红豆的水倒入内锅中，内锅表面包覆铝箔纸后放回面包机里安装好。（图4、5）
3. 选择自订行程“烘烤”功能90分钟，焖煮至红豆软烂后倒出。（图6、7）
4. 洗净内锅，将搅拌棒装回内锅中。（图8）
5. 煮软的红豆滗掉多余的液体，放入内锅中，加入二砂糖，将内锅放回面包机里安装好。（图9~11）
6. 选择自订行程“果酱”功能（1小时20分钟），至红豆变成团状即可。（图12）

芝麻素豆松

做豆浆剩下的材料完美利用，
一点都不浪费！

分量

成品

7~8
人份

材料

液体植物油70克
豆渣350克　酱油60克
细砂糖50克
熟白芝麻25克（图1）

小叮咛

✓豆渣为自制豆浆时滤出的渣滓。
✓甜度及咸度可依照个人喜好调整。
✓豆渣含水量会影响炒制时间，请依照实际情况，重复“果酱”行程1~2次。

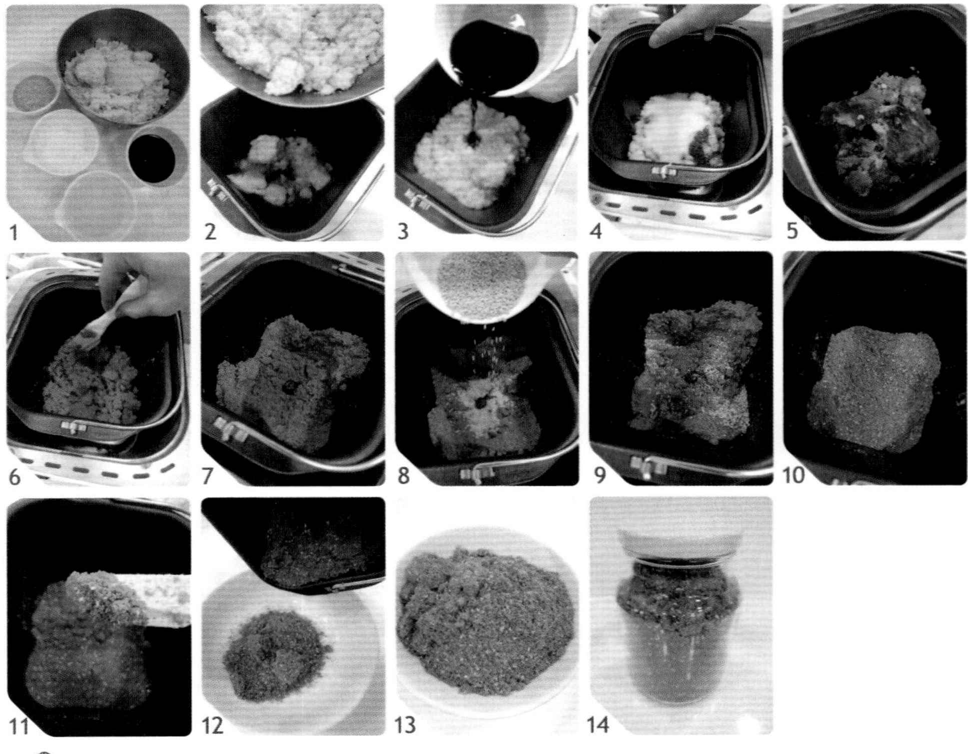

做法

1. 安装好面包机内锅中的搅拌棒，放入液体植物油和豆渣。（图2）
2. 倒入酱油及细砂糖，将内锅放回面包机中安装好。（图3、4）
3. 选择面包机自订行程“果酱”功能（1小时20分钟）。（图5）
4. 设定时间到，若豆渣的水分还太多，可再进行一次“果酱”行程（1小时20分钟）。（图6）
5. 直到豆渣炒至酥松的状态。（图7）
6. 最后加入熟白芝麻，混合均匀即可。（图8~11）
7. 完成的豆松倒出来散热冷却，会变得更酥松。（图12、13）
8. 将素豆松装入干净且干燥的容器中，放入冰箱冷藏保存。（图14）

鸡肉松

材料放心，味道正点，
用面包机制作肉松就是这么简单！

分量

成品

200克

材料

鸡胸肉350克　水200克

姜2~3片　米酒1大匙

（图1）

调味料

液体植物油60克

酱油60克

细砂糖50克

（图1）

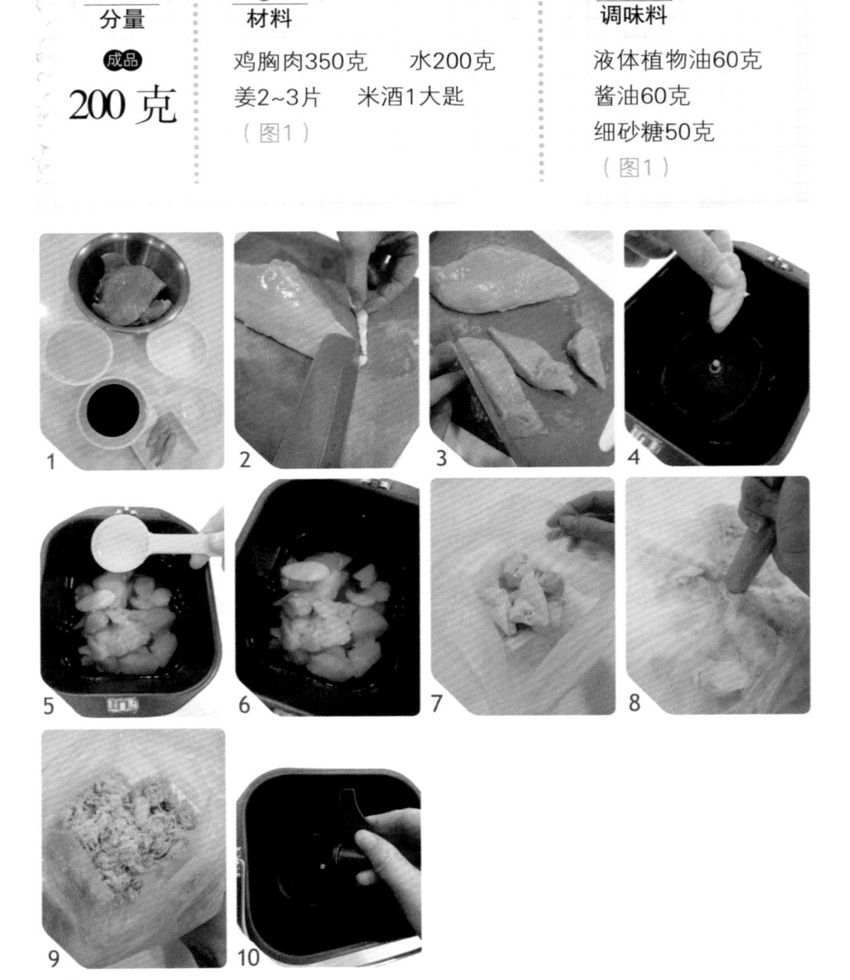

做法

1. 将鸡胸肉中白色的筋膜去除，切成约2厘米见方的块。（图2、3）
2. 取下面包机内锅的搅拌棒，将鸡胸肉块及水放入内锅中，放入姜片，倒入米酒。（图4、5）
3. 将内锅包覆铝箔纸，放回面包机中安装好，选择自订行程“烘烤”功能，时长25~30分钟，将鸡胸肉制熟，放凉。（图6）
4. 将鸡胸肉装入食品保鲜袋中，用擀面棍敲碎。（图7~9）
5. 将面包机内锅的搅拌棒安装好。（图10）

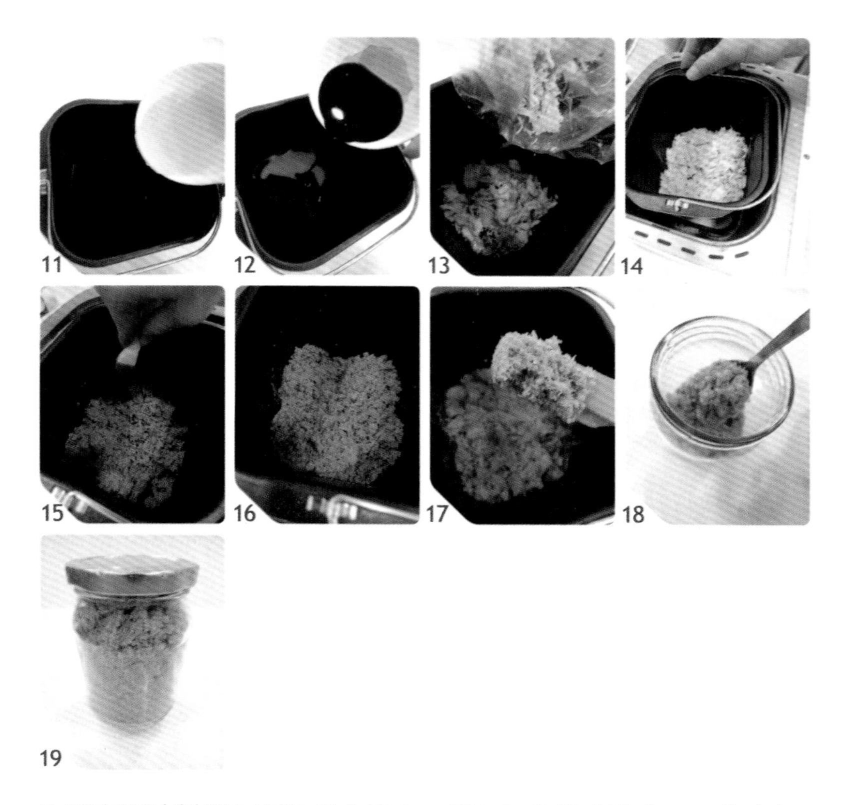
11 12 13 14 15 16 17 18 19

7. 所有调味料倒入面包机内锅中，倒入打散的鸡胸肉，再将内锅放回面包机里安装好。（图11~14）
8. 选择自订行程“果酱”功能（1小时20分钟）。设定时间到，若鸡肉松的水分还太多，可再重复1~2次“果酱”行程（1小时20分钟）。（图15）
9. 直到鸡肉松炒至酥松状态即可。（图16、17）
10. 做好的鸡肉松倒出来散热，放至冷却，会变得更酥松。（图18）
11. 将鸡肉松装入干净且干燥的容器中，放入冰箱冷藏保存。（图19）

小叮咛

√甜度及咸度可以依照个人喜好调整。
√鸡肉中水分含量的多少会影响炒制时间，请依照实际状况自行重复“果酱”行程1~2次。
√鸡肉可用猪肉代替。

第四篇

面包机之主食篇

米饭是我们重要的粮食，
也是大多数人摄入热量的主要来源。
品质优良的大米在口中细细咀嚼，
香甜中带着筋度。
用好米烹调出各式各样的米饭料理，
让家里的三餐更为丰富。

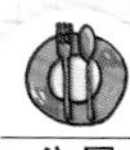

分量

约

3~4

人份

材料

水150克　细砂糖10克　盐1/4茶匙（1克）

速发干酵母1/3茶匙　中筋面粉200克

熟白芝麻1/2大匙（图1）

内馅

香葱50克　盐1/4茶匙

麻油1/2大匙

白胡椒粉1/4茶匙（图1）

芝麻葱烧饼

芝麻与香葱带来浓郁的香味，
搭配豆浆就是完美早餐。

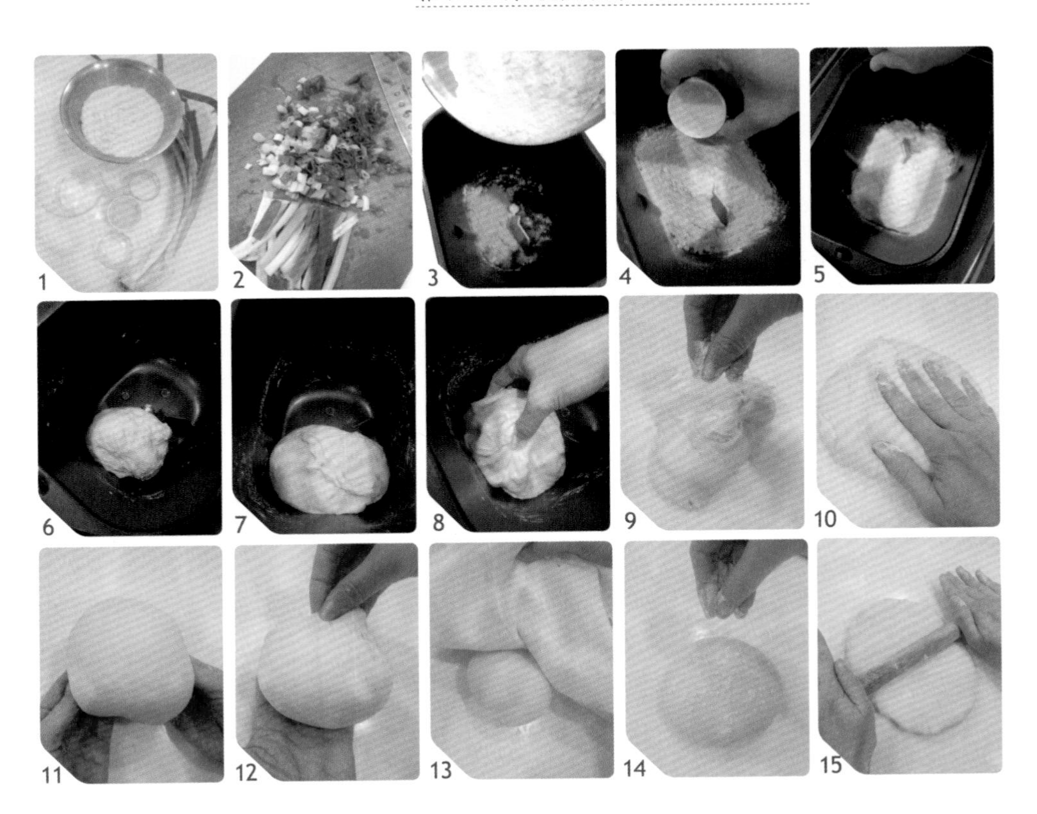

做法

1.香葱洗干净，切成葱花备用。（图2）
2.安装好内锅的搅拌棒，依次将水、细砂糖、盐、速发干酵母及中筋面粉倒入内锅中。（图3~5）
3.选择自订行程“揉面团”功能15分钟，将面团揉匀。（图6）
4.再选择自订行程“发酵”功能60分钟，将面团发酵好。（图7）
5.手上拍些中筋面粉（另取，不在配料表中），将面团取出，移至撒了中筋面粉的案板上。（图8）
6.面团表面再撒些中筋面粉。（图9）
7.用手按压面团将其中的空气挤出。（图10）
8.将面团的光滑面翻折出来，收口捏紧，滚成圆形。（图11、12）
9.盖上干布或保鲜膜，静置松弛15分钟。（图13）
10.面团表面再撒些中筋面粉，擀开成为大圆片。（图14~16）

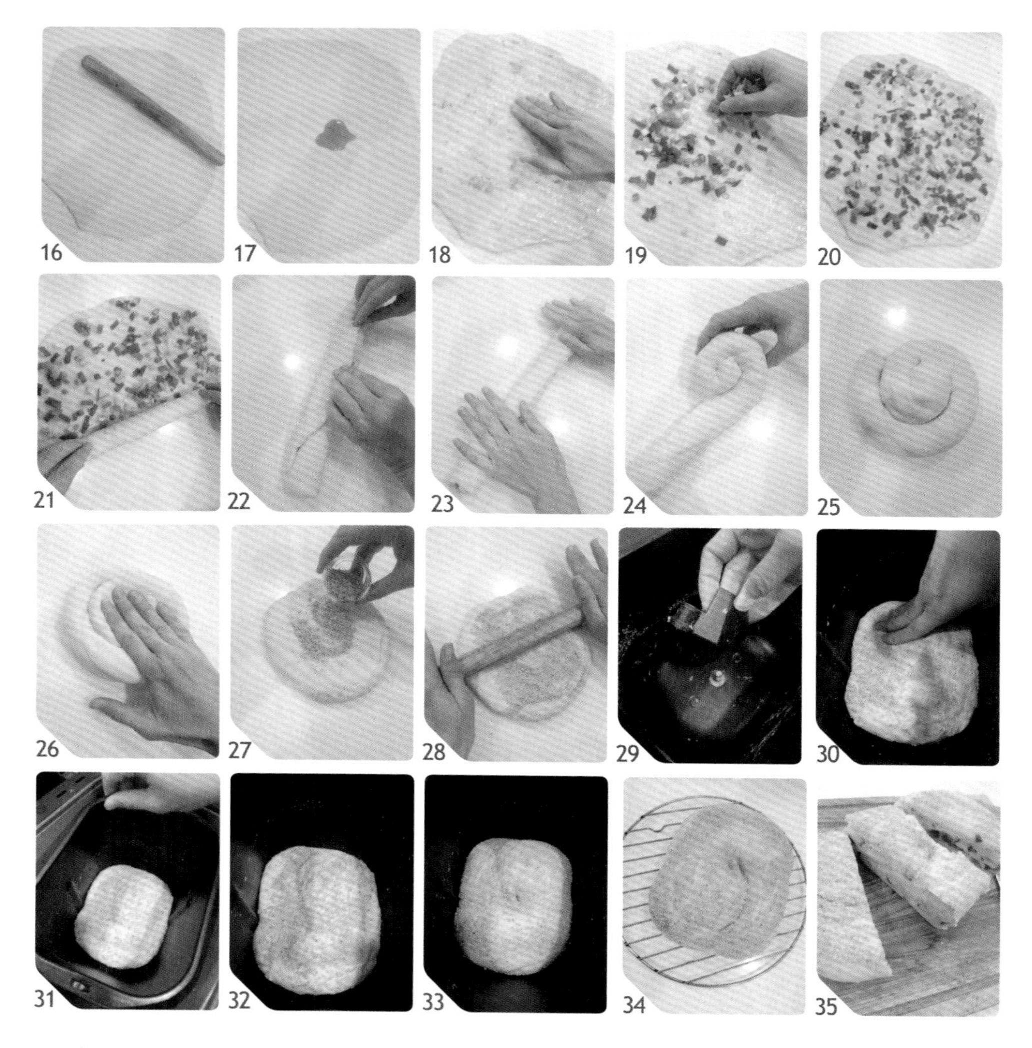

11.在面片上均匀地抹上一层麻油，撒匀盐和白胡椒粉。（图17、18）
12.撒上香葱铺匀。（图19、20）
13.将面皮紧密卷起，收口捏紧，再卷成车轮状。（图21~25）
14.稍微压扁，撒上熟白芝麻，再擀开成面包机内锅底大小。（图26~28）
15.取下面包机内锅的搅拌棒，放入面团，再把内锅放回面包机中安装好。（图29~31）
16.选择自订行程“发酵”功能20分钟。（图32）
17.选择自订行程“烘烤”功能（烤色“深色”或“中色”）30分钟，将饼烤至膨胀、熟透。（图33）
18.设定时间到，将饼倒出，切成自己喜欢的大小即可。（图34、35）

南瓜葱花卷

营养高纤的南瓜加入面团中，
好看又好吃。

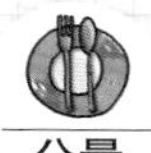

分量

约
2~3
人份

材料

南瓜100克　水30克
细砂糖10克　盐1/8茶匙
速发干酵母1/4茶匙　中筋面粉150克
（图1）

内馅

香葱2~3根
麻油适量
盐适量

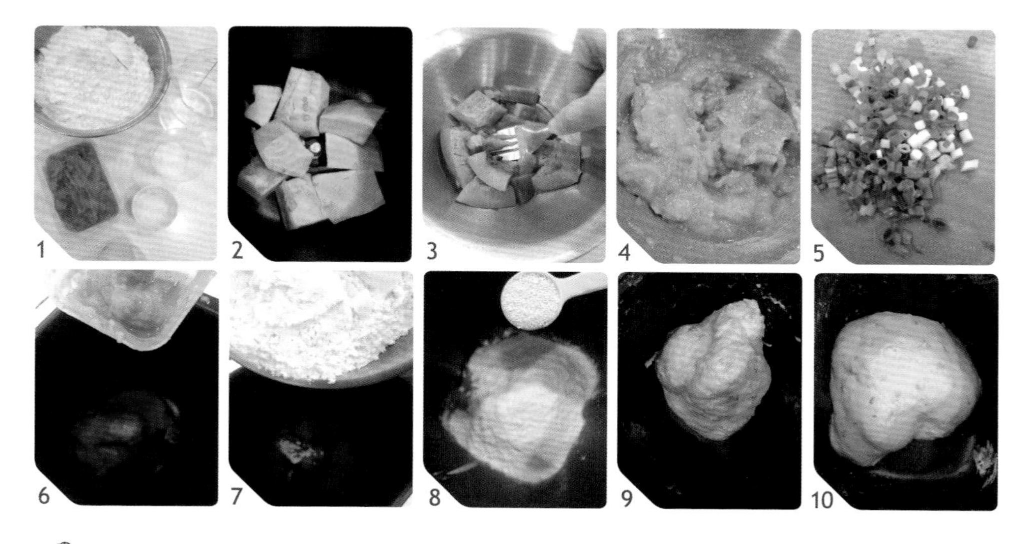

做法

1.取下面包机内锅的搅拌棒。南瓜去皮切块，放入面包机内锅中。（图2）
2.内锅外面包覆铝箔纸，选择自订行程“烘烤”功能（烤色“深色”或“中色”）25分钟，至南瓜熟软后倒出南瓜，趁热压成泥状，放凉。（图3、4）
3.香葱洗干净，切成葱花备用。（图5）
4.内锅安装好搅拌棒，依次将南瓜泥、水、细砂糖、盐、速发干酵母及中筋面粉倒入内锅中。（图6~8）
5.选择自订行程“揉面团”功能15分钟，将面团揉匀。（图9）
6.选择自订行程“发酵”功能60分钟，将面团发酵好。（图10）

7.手上拍些中筋面粉（另取，不在配料表中），将面团取出，移至撒了中筋面粉的案板上。面团表面再撒些中筋面粉，用手按压面团将其中的空气挤出。（图11）
8.将面团平均切成4等份。（图12）
9.将小面团的光滑面翻折出来，滚成圆形。（图13~15）
10.盖上干布或保鲜膜，静置松弛15分钟，擀开成为椭圆形的面片。（图16）
11.在面片上刷上一层麻油，铺上香葱花，撒上适量盐。（图17、18）
12.将面片卷成柱状，收口捏紧，再对切成两半。（图19~23）
13.取下内锅的搅拌棒。面团切口朝下，整齐排入内锅中，表面喷些水。（图24）
14.盖上面包机盖子，再发酵40分钟。（图25）
15.倒入2大匙水（另取，不在配料表中）。（图26）
16.内锅外面包覆铝箔纸，放回面包机中安装好。选择自订行程“烘烤”功能（烤色“深色”或“中色”）18~20分钟，至面团饱满膨胀，即可倒出。（图27~30）

家常面条

有面包机帮忙揉面，
自己做的面条也筋道有嚼劲！

约
2~3
人份

水150~160克
盐1/4茶匙（1克）
中筋面粉300克
（图1）

✓做面条时不要添加过多水分，以免过湿难以操作。若确实太干，可以酌情加点水调整。
✓完成品可以密封后冷冻保存，使用时不需解冻，直接放入沸水中煮熟即可。

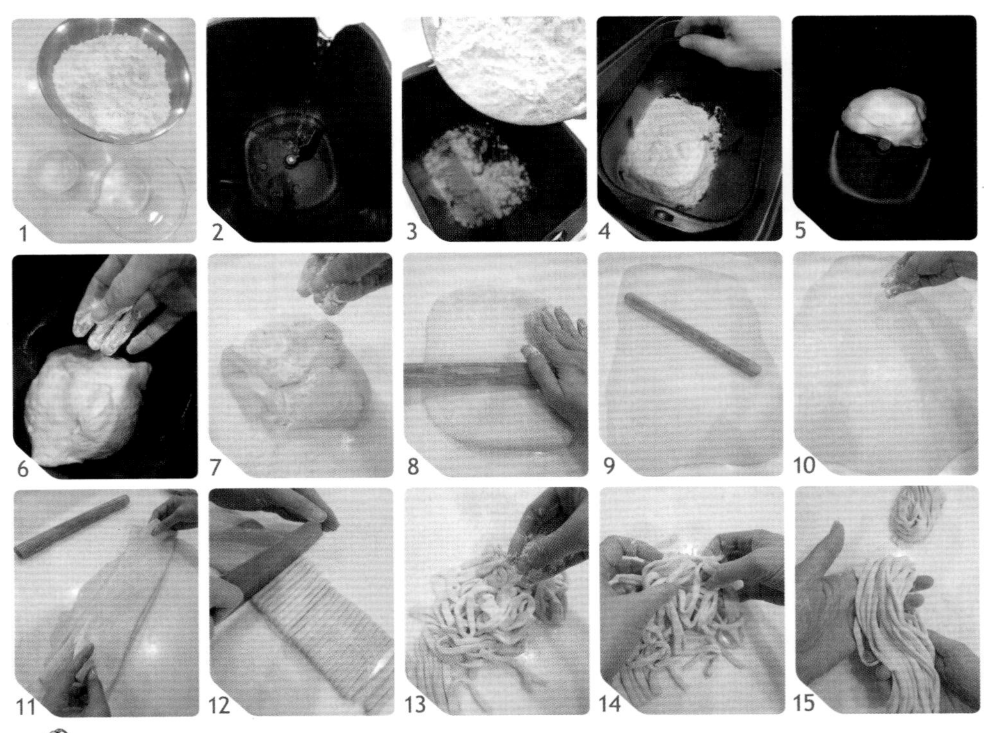

做法

1. 安装好面包机内锅的搅拌棒，依次将水、盐及中筋面粉倒入内锅中。（图2~4）
2. 选择自订行程“揉面团”功能10分钟，将面团揉匀，盖上面包机盖子，醒置松弛30分钟 。（图5）
3. 设定时间到，手上拍些中筋面粉（另取，不在配料表中），将面团取出，移至撒了中筋面粉的案板上。（图6）
4. 面团表面再撒些中筋面粉。（图7）
5. 面团擀开成长方形片状（厚约0.3厘米）。（图8、9）
6. 面片上撒薄薄一层中筋面粉，折成3折。（图10、11）
7. 用刀切成宽度均匀的窄条。（图12）
8. 撒些中筋面粉，将面条抖散开即成。（图13~15）

番茄意大利面

假日想吃得简单，
那就来份番茄意大利面吧！

分量

约

2

人份

材料

德国香肠1条　洋葱1/2个

红、黄甜椒各1/4个

干意大利面80克　水150克

干欧芹、帕玛森芝士粉各适量（装饰用）（图1）

调味料

橄榄油1/2大匙

番茄酱2大匙

盐1/3茶匙

黑胡椒粉1/8茶匙

（图1）

做法

1.德国香肠切片；洋葱、红、黄甜椒切丝。（图2）

2.干意大利面对折成两半。（图3）

3.取下面包机内锅的搅拌棒，依次将水、干意大利面、洋葱丝、甜椒丝、德国香肠及所有调味料（番茄酱除外）倒入内锅中，混合均匀。（图4~6）

4.内锅外面包覆铝箔纸，放回面包机中安装好。选择自订行程“烘烤”功能（烤色“中色”或“深色”），蒸煮30分钟至意大利面变软熟透，再加入番茄酱混合均匀。（图7、8）

5.盛入盘中，撒上干欧芹及帕玛森芝士粉即可。（图9）

小叮咛

√设定时间到，若意大利面不够软，可以自行增加“烘烤”时间。

什锦披萨

原来自己做披萨是如此简单，
一人一份刚刚好！

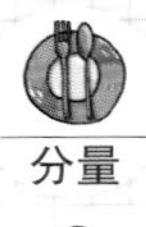

分量

约

2

人份

材料

A.面饼材料

水100克　细砂糖10克　盐1/4茶匙（1克）

速发干酵母1/4茶匙（1克）　橄榄油1大匙

高筋面粉150克（图1）

B.铺馅材料

德国香肠1根　甜椒1/4个　芦笋2根　洋葱1/4个

番茄酱2大匙　披萨奶酪丝100克　黑胡椒粉适量（图1）

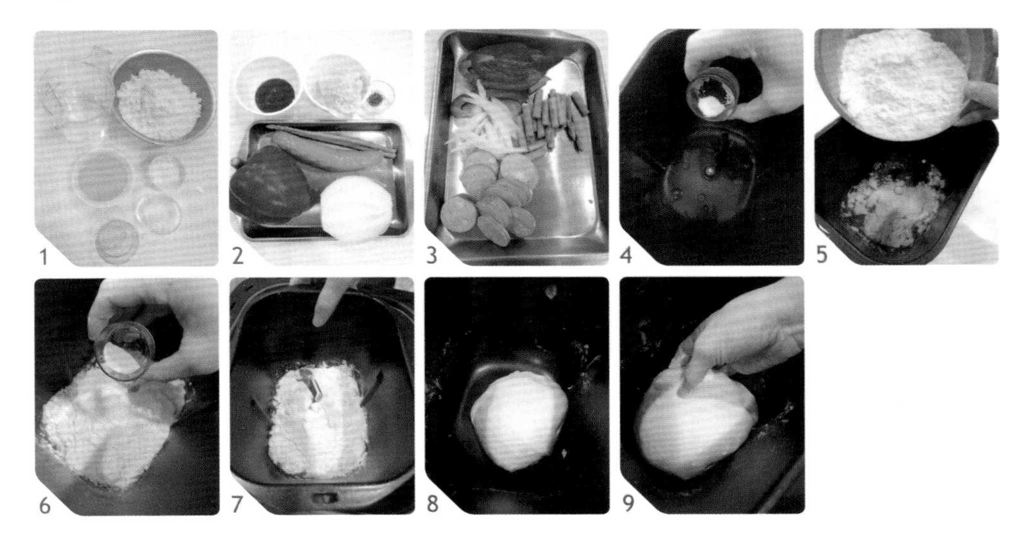

做法

1.德国香肠切片；甜椒切丝；芦笋切段；洋葱切丝备用。（图3）

2.安装好面包机内锅的搅拌棒，依次将水、细砂糖、盐、速发干酵母、橄榄油及高筋面粉倒入内锅中。（图4~7）

3.选择自订行程“揉面团”功能15分钟，将面团揉匀，然后选择自订行程“发酵”功能60分钟将面团发酵好。（图8）

4.手上拍些中筋面粉（另取，不在配料表中），将面团取出，移至撒了中筋面粉的案板上。（图9）

小叮咛

√材料可以依照自己喜好调整变化。

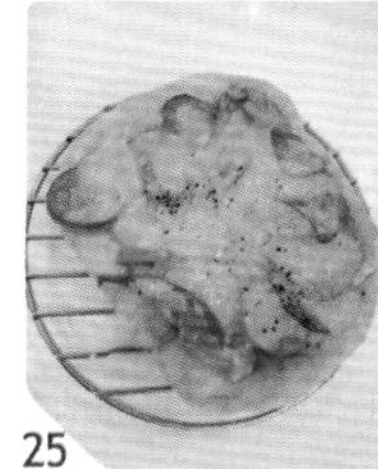

5.面团表面再撒些中筋面粉。（图10）
6.用手按压面团将其中的空气挤出。（图11）
7.面团切成同样大小的2块，将光滑面翻折出来，收口捏紧，滚成圆形。（图12、13）
8.面团盖上干布或保鲜膜，静置松弛15分钟，擀开成长方形面片（与面包机内锅内径一样大小）。（图14、15）
9.取下面包机内锅的搅拌棒，将面片放入内锅中，压平整。（图16、17）
10.均匀抹上一层番茄酱。（图18）
11.铺上备好的香肠等材料，撒上披萨奶酪丝，再撒上适量黑胡椒粉。（图19~21）
12.内锅放回面包机中安装好。（图22）
13.选择自订行程“烘烤”功能（烤色“深色”或“中色”）25分钟，待乳酪丝软化并变为金黄色。（图23）
14.用木铲将烤好的披萨取出，切成自己喜欢的大小即可。（图24、25）

地瓜稀饭

地瓜富含膳食纤维，
煮在稀饭中能增加自然甜味！

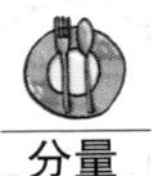

分量

约 2~3 人份

材料

地瓜200克
白米100克
水650克
（图1）

做法

1. 白米淘洗2~3次，滗掉多余的水，倒入内锅中，加入650克清水。（图2）
2. 地瓜去皮切块，也放入内锅中。（图3~5）
3. 内锅外面包覆铝箔纸，放回面包机中安装好。选择自订行程“烘烤”功能（烤色选“深色”）60分钟，煮至地瓜及米粒软烂黏稠即可。（图6）

小叮咛

✓设定时间到，若觉得粥不够软烂，可以自行增加“烘烤”时间。
✓水量多寡会影响稀饭浓稠度，可以依照个人喜好调整。

金枣糯米粥

寒冷的夜晚，
来碗温暖甜蜜的金枣粥，
让你好梦到天亮！

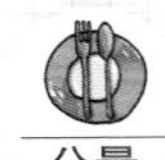

分量

约

2~3

人份

材料

金枣糖50克　圆糯米100克
水650克　米酒1大匙
二砂糖80克（图1）

小叮咛

✓设定时间到，若觉得糯米不够软烂，可以增加“烘烤”时间。
✓水量多寡会影响稀饭浓稠度，可以依照个人喜好调整。

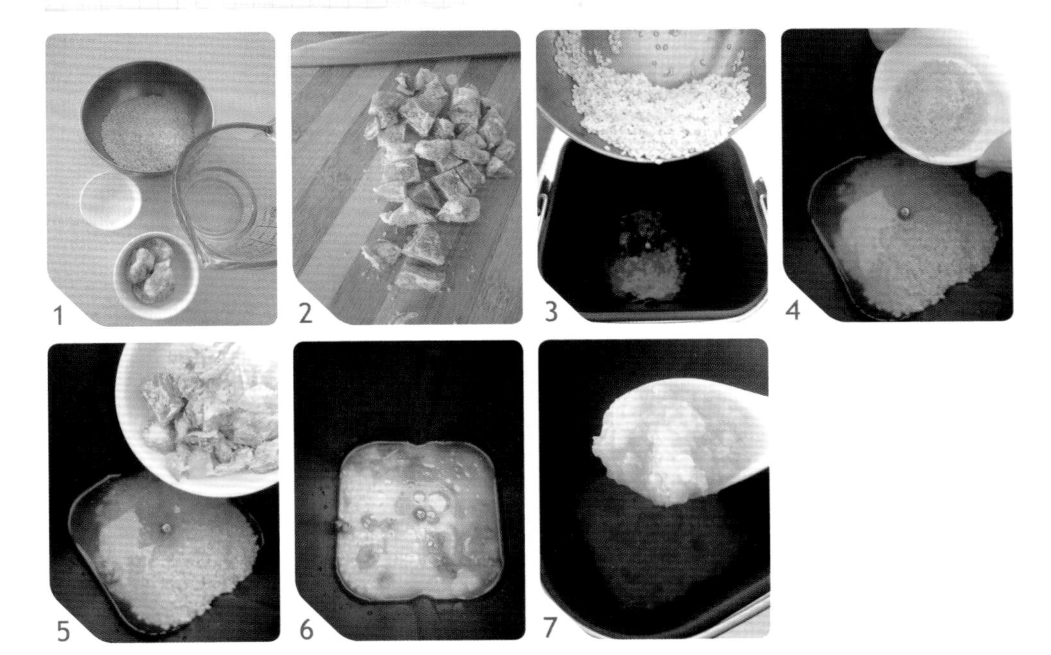

做法

1.金枣糖切小块。（图2）
2.圆糯米淘洗2~3次，滗掉水。
3.取下面包机内锅的搅拌棒，将所有材料放入内锅中，稍微混合均匀。（图3~5）
4.内锅外面包覆铝箔纸，放回面包机中安装好。选择自订行程“烘烤”功能（烤色“深色”或“中色”）60分钟，煮至糯米粒软烂即可。（图6、7）

皮蛋瘦肉粥

皮蛋瘦肉粥是早餐的好选择，
让我回忆起打卡上班的日子。

分量

约 2~3 人份

材料

白米100克　猪前腿肉100克

皮蛋1个　香葱半根

水650克　姜2~3片（图1）

调味料

米酒1大匙　盐1/2茶匙

白胡椒粉1/8茶匙

（图1）

小叮咛

✓设定时间到，若觉得粥不够软烂，可以自行增加“烘烤”时间。

✓水量多寡会影响稀饭浓稠度，可以依照个人喜好调整。

做法

1.白米淘洗2~3次，滗掉水；猪前腿肉切成约1厘米见方的丁。（图2）

2.皮蛋切碎；香葱切成葱花备用。（图3、4）

3.将水及米倒入面包机内锅中。（图5）

4.取下面包机内锅的搅拌棒，将前腿肉丁、姜片及所有调味料放入内锅中，稍微混合均匀。（图6~9）

5.内锅外面包覆铝箔纸，放回面包机中安装好。选择自订行程“烘烤”功能（烤色选“深色”）60~70分钟，煮至肉丁及米粒软烂即可。（图10、11）

6.将粥盛入碗中，加入适量皮蛋和香葱即可。（图12）

白米饭

下班回家身心疲惫，
一锅热腾腾的白米饭与丰富的料理，
马上让人恢复元气！

分量

约

2~3

人份

材料

白米 160 克（电锅量杯 1 杯）
水 230 克（图 1）

小叮咛

✓设定时间到，若觉得米饭不够软，可以自行增加“烘烤”时间。

做法

1.白米淘洗2~3次，滗掉水。取下面包机内锅的搅拌棒，将米及水放入内锅中。（图2、3）
2.内锅外面包覆铝箔纸，再放回面包机中安装好。（图4）
3.选择自订行程“烘烤”功能（烤色“中色”或“深色”）30分钟。
4.开关关掉，再闷10分钟即可。（图5~7）

番茄炖饭

番茄酸中带甜，
美味的意式炖饭只需一颗番茄就能完成！

分量

约 **2** 人份

材料

白米160克（电锅量杯1杯）　水215克
番茄1颗（约150克）　干燥综合香草1/8茶匙
干欧芹、帕玛森芝士粉各适量（盛盘装饰用）
橄榄油1/2大匙（图1）

调味料

盐1/2茶匙
黑胡椒粉1/8茶匙

做法

1.白米淘洗2~3次，滗掉水；番茄洗净，去蒂，尾部切十字。（图2）
2.取下面包机内锅的搅拌棒，依次将水、白米、香草和所有调味料倒入内锅中，混合均匀。（图3~5）
3.将番茄压入米的正中央。（图6）
4.均匀淋上橄榄油。（图7、8）
5.内锅外面包覆铝箔纸，放回面包机中安装好。选择自订行程“烘烤”功能（烤色“中色”或“深色”）30分钟，蒸煮至米粒熟软。（图9）
6.用汤匙将番茄与米饭混合均匀。（图10、11）
7.盛盘，撒上些许干欧芹及帕玛森芝士粉即可。（图12）

小叮咛

✓设定时间到，若觉得米饭不够软，可以自行增加“烘烤”时间。

上海菜饭

有菜有肉一锅出，
小家庭午晚餐吃刚刚好！

分量

约

2~3

人份

材料

白米160克（电锅量杯1杯） 腊肉40克
虾米10克 蒜头2瓣 小油菜100克
水215克 热水1大匙（蒸煮中间添加）
（图1）

调味料

米酒1大匙
盐1/3茶匙
白胡椒粉1/8茶匙
（图1）

做法

1. 白米淘洗2~3次，滗掉水。腊肉切碎；虾米切碎；蒜头切末；小油菜洗净切碎。（图2~4）
2. 取下面包机内锅的搅拌棒，依次将水、白米、腊肉、蒜头、虾米及所有的调味料放入内锅中，并混合均匀。（图5~8）
3. 内锅外面包覆铝箔纸，放回面包机中安装好。选择自订行程“烘烤”功能（烤色“中色”或“深色”）30分钟，行程结束后打开铝箔纸，将米饭搅拌翻松。（图9、10）
4. 接着加入小油菜及热水，混合均匀。（图11、12）
5. 内锅外面再次包覆铝箔纸，继续蒸煮10分钟即可。（图13、14）

小叮咛

√设定时间到，若觉得米饭不够软，可以自行增加“烘烤”时间。
√咸度请依照个人喜好调整。

海南鸡肉饭

简单快速的料理，
海南鸡肉饭经典呈现！

分量

约

2

人份

材料

无骨鸡腿肉1根（约180克）
蒜头2瓣　　姜2片
白米160克（电锅量杯1杯）
水230克（图1）

鸡肉腌料

米酒1大匙
盐1/4茶匙
（图1）

调味料

米酒1茶匙
盐1/3茶匙
（图1）

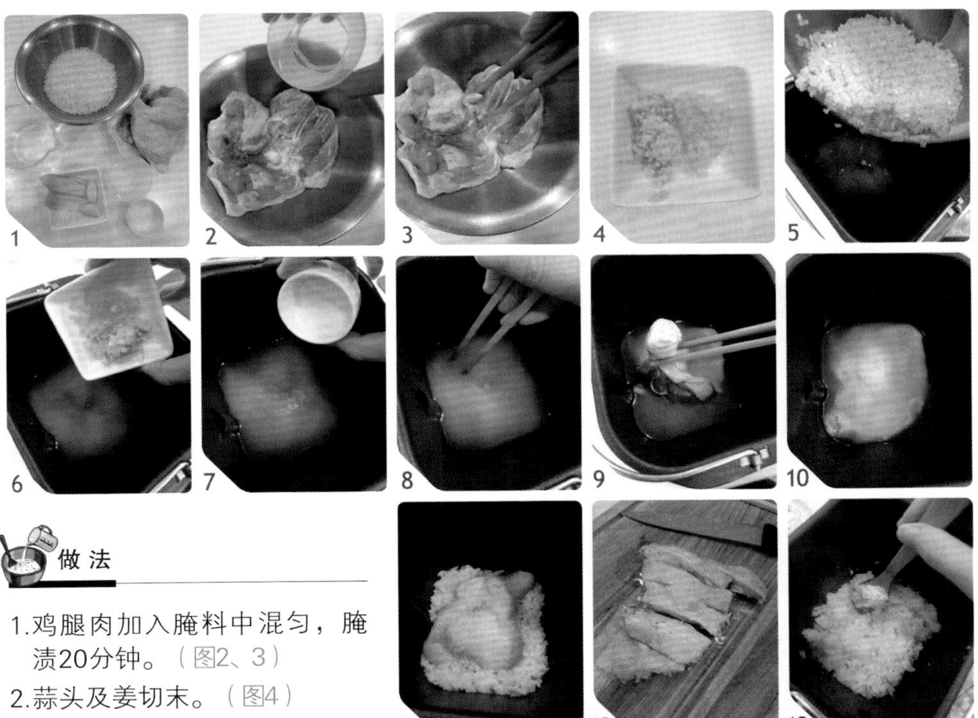

做法

1. 鸡腿肉加入腌料中混匀，腌渍20分钟。（图2、3）
2. 蒜头及姜切末。（图4）
3. 白米淘洗2次，滗掉水。取下面包机内锅的搅拌棒，依次将水、白米、蒜末、姜末及所有的调味料倒入内锅中，混合均匀。（图5~8）
4. 无骨鸡腿肉放入内锅正中央。（图9、10）
5. 内锅外面包覆铝箔纸，放回面包机中安装好。选择自订行程“烘烤”功能（烤色“中色”或“深色”）40分钟，蒸煮至米粒及鸡肉熟透。（图11）
6. 取出鸡肉切块。（图12）
7. 再将米饭混合均匀即可。（图13）

小叮咛

✓设定时间到，若觉得米饭不够熟软，可以自行增加“烘烤”时间。
✓鸡肉可蘸酱油食用。

香菇油饭

配料多多，
人见人爱的好味道！

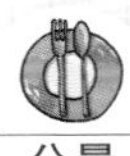

分量

约
2
人份

材料

长糯米160克（电锅量杯1杯）
猪肉丝50克　　干香菇4~5朵
红葱头1瓣　水130克
水1大匙（蒸煮中间添加）
虾米5克（图1）

猪肉腌料

米酒1茶匙
酱油1/2茶匙

调味料

米酒1大匙
麻油1/2大匙
盐1/2茶匙

做法

1.长糯米淘洗2~3次，滗掉水。虾米切碎。猪肉丝加入腌料混匀，腌渍20分钟。（图2、3）
2.干香菇泡水软化，切成丝；红葱头切片。（图4）
3.取下面包机内锅的搅拌棒，依次将所有的材料及调味料放入内锅中。（图5~7）
4.将材料混合均匀。（图8、9）
5.内锅外面包覆铝箔纸，放回面包机中安装好。选择自订行程“烘烤”功能（烤色“中色”或“深色”）30分钟。（图10）
6.时间到，打开铝箔纸，上下翻搅均匀，淋上1大匙水，再蒸煮20分钟。（图11）
7.关掉电源，再闷15分钟即可。（图12、13）

小叮咛

✓若觉得糯米饭不够软，可以自行增加“烘烤”时间。

麻油鸡糯米饭

在天气寒冷的时候，
来一锅软糯香弹的麻油鸡糯米饭
补充补充能量吧。

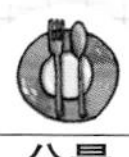

分量

约 2 人份

材料

长糯米160克（电锅量杯1杯）
无骨鸡腿肉150克
水130克　老姜3~4片
水1大匙（蒸煮中间添加）
（图1）

鸡肉腌料

米酒1大匙
盐1/4茶匙

调味料

米酒1大匙
麻油1茶匙
盐1/3茶匙
（图1）

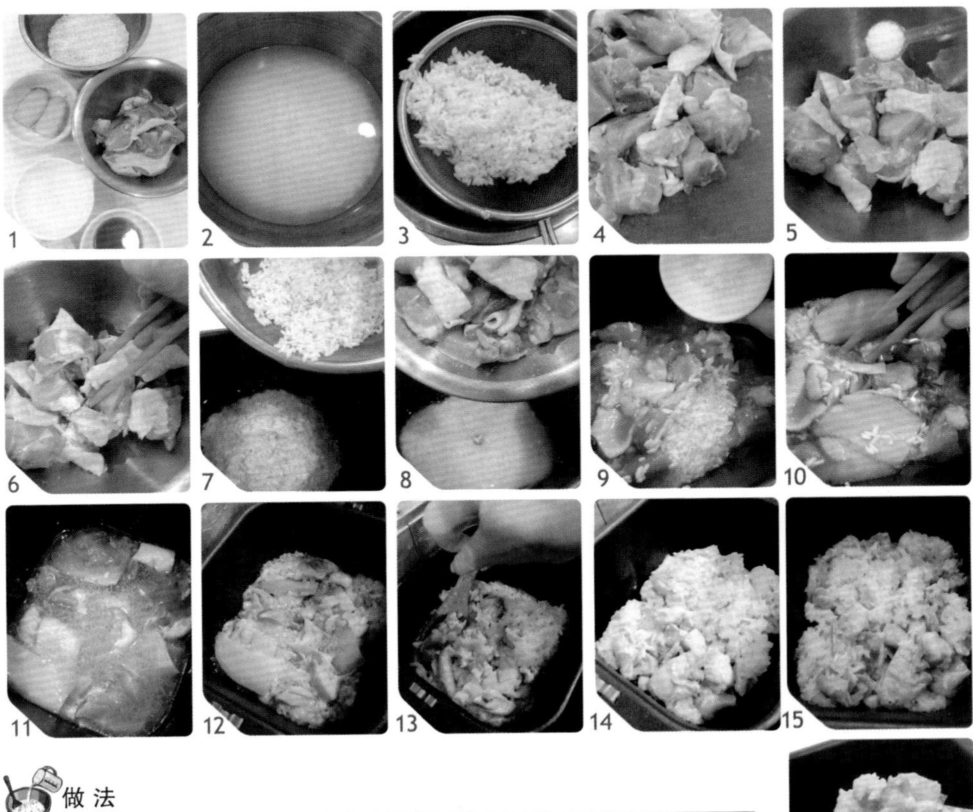

做法

1.长糯米淘洗2~3次，滗掉水。（图2、3）

2.无骨鸡腿肉加入腌料，混合均匀，腌渍20分钟。（图4~6）

3.取下面包机内锅的搅拌棒，依次将除蒸煮用的1大匙水外所有材料、调味料放入内锅中。（图7~9）

4.将材料混合均匀。（图10、11）

5.内锅外面包覆铝箔纸，放回面包机中安装好。选择自订行程“烘烤”功能（烤色“中色”或“深色”）30分钟。时间到，打开铝箔纸，上下翻搅均匀，淋上1大匙水，再蒸煮20分钟。（图12~14）

6.最后关掉电源，再闷15分钟即可。（图15、16）

√若觉得糯米饭不够软，可以自行增加“烘烤”时间。

√咸度请依照个人喜好调整。

意大利海鲜炖饭

朋友来小窝相聚，
准备丰盛的午餐一起享用！

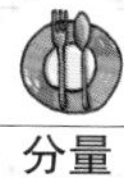

分量

2
人份

材料

洋葱1/4个　甜椒1/4个　芦笋4~5支
白米160克（电锅量杯1杯）
水230克　白葡萄酒30克　虾仁50克
鱿鱼圈50克（图1）

调味料

盐1/2茶匙
黑胡椒粉1/8茶匙
无盐黄油15克
帕玛森芝士粉15克
（图1）

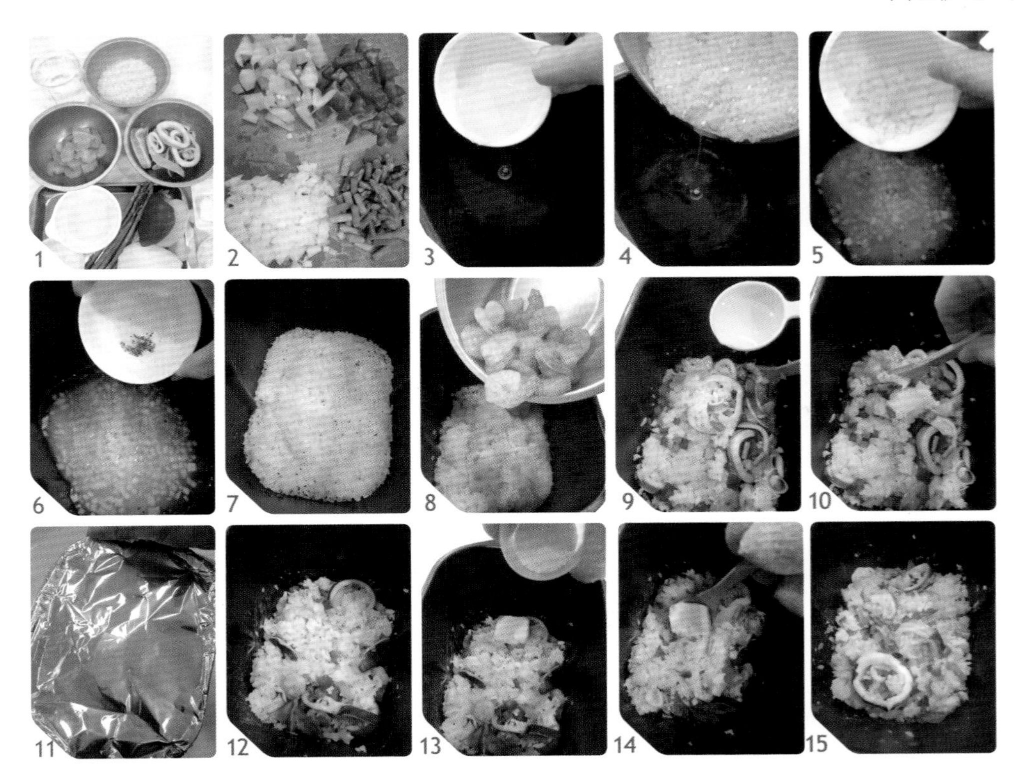

做法

1. 白米淘洗2~3次，滗掉水。洋葱切末。甜椒切丁。芦笋切小段。（图2）
2. 取下面包机内锅的搅拌棒，依次将水、白葡萄酒、白米、洋葱末及所有的调味料倒入内锅中混合均匀。（图3~6）
3. 内锅外面包覆铝箔纸，放回面包机中安装好。选择自订行程“烘烤”功能（烤色“中色”或“深色”）30分钟，蒸煮至米粒熟软。（图7）
4. 放入海鲜（虾仁、鱿鱼圈）、芦笋、甜椒及白葡萄酒，与米饭混合均匀。（图8~10）
5. 内锅再次包覆铝箔纸，放回面包机中安装好。（图11）
6. 选择自订行程“烘烤”功能（烤色“中色”或“深色”）20分钟，蒸煮至海鲜熟。（图12）
7. 最后加入无盐黄油及帕玛森芝士粉混合均匀即可。（图13~15）

小叮咛

√若觉得米饭不够软，可以自行增加“烘烤”时间。

√咸度请依照个人喜好斟酌。

白萝卜糕

白萝卜糕材料简单，
滋味却如此耐人寻味。

分量

约 3~4 人份

材料

白萝卜350克　沸水270克
在来米粉150克　水135克
（图1）

调味料

盐3/4茶匙
（图1）

1

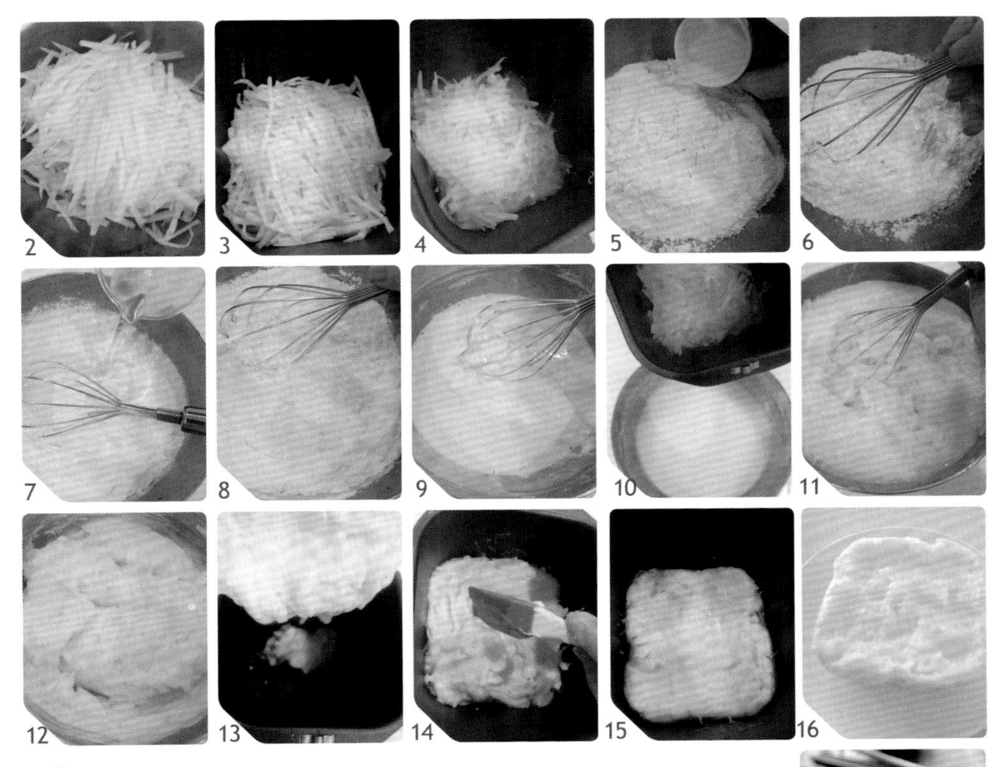

做法

1. 白萝卜刨成细丝。（图2）
2. 取下面包机内锅的搅拌棒，将沸水倒入内锅中，放入萝卜丝混合均匀。（图3）
3. 内锅外面包覆铝箔纸，再放回面包机中安装好。选择自订行程“烘烤”功能（烤色“中色”或“深色”），蒸煮20分钟至白萝卜丝熟软。（图4）
4. 将在来米粉、水、盐放入盆中，搅拌均匀。（图5、6）
5. 将煮沸的白萝卜丝连水一起快速冲入在来米粉浆中，快速搅拌均匀，使米浆糊化，变得浓稠。（图7~12）
6. 内锅涂抹一层液体植物油（另取，不在配料表中），倒入白萝卜米糊抹平整。（图13、14）
7. 内锅外面包覆铝箔纸，再放回面包机中安装好。选择自订行程“烘烤”功能（烤色“中色”或“深色”），蒸煮50~60分钟至萝卜糕熟透。（图15）
8. 稍微冷却后倒出，切片，蘸酱油膏或自己喜欢的酱料食用。（图16、17）

17

小叮咛

✓刚做好的白萝卜糕比较软，这是正常的，要等稍微冷却后再从内锅中倒出，比较不易破裂。

香菇芋头糕

芋头、虾米、油葱酥
交织出传统的好味道。

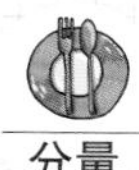

分量

约

3~4

人份

材料

调味料：盐1/2茶匙

白芋头200克　干香菇2朵
在来米粉150克　水135克
沸水320克　虾米1/2大匙
油葱酥（做法参考下页“小叮咛”内容）1大匙（图1）

1

做法

1. 芋头切成细丝。（图2）
2. 干香菇泡水软化，切成细条。（图3）
3. 在来米粉加入盐，混合均匀。（图4、5）
4. 倒入水混合均匀。（图6、7）
5. 冲入沸水，快速搅拌均匀，使得米浆糊化变浓稠。（图8、9）
6. 加入芋头丝、香菇条、虾米及油葱酥，混合均匀。（图10～12）
7. 取下内锅搅拌棒，在内锅的内壁上涂抹一层液体植物油（另取，不在配料表中），倒入拌好的芋头米糊，用木铲抹平整。（图13~15）
8. 内锅外面包覆铝箔纸，再放回面包机中安装好。
9. 选择自订行程“烘烤”功能（烤色“中色”或“深色”）50～60分钟，蒸煮至芋头糕熟透。（图16）
11. 稍微冷却，再将芋头糕倒出即可。（图17）

✓行程结束后若觉得芋头糕不够熟软，可自行增加“烘烤”时间。

✓油葱酥可以去超市购买，也可以自制，方法如下：将红葱头切丁（或片），放入滚烫的猪油中炸至金黄色（通常最后几分钟要开大火，把油逼出来，红葱丁才会酥）。最后将炸好的红葱丁捞起，铺平风干即成。

黑糖糕

风味独特的传统糕点，
没有蒸笼和烤箱一样能够完成！

分量

约

3~4
人份

材料

A料：
黑糖45克　蜂蜜15克　沸水25克（图1）

B料：
中筋面粉45克　在来米粉12克　泡打粉3克　糯米粉12克
鸡蛋1个　牛奶45克　液体植物油12克
熟白芝麻适量（图2）

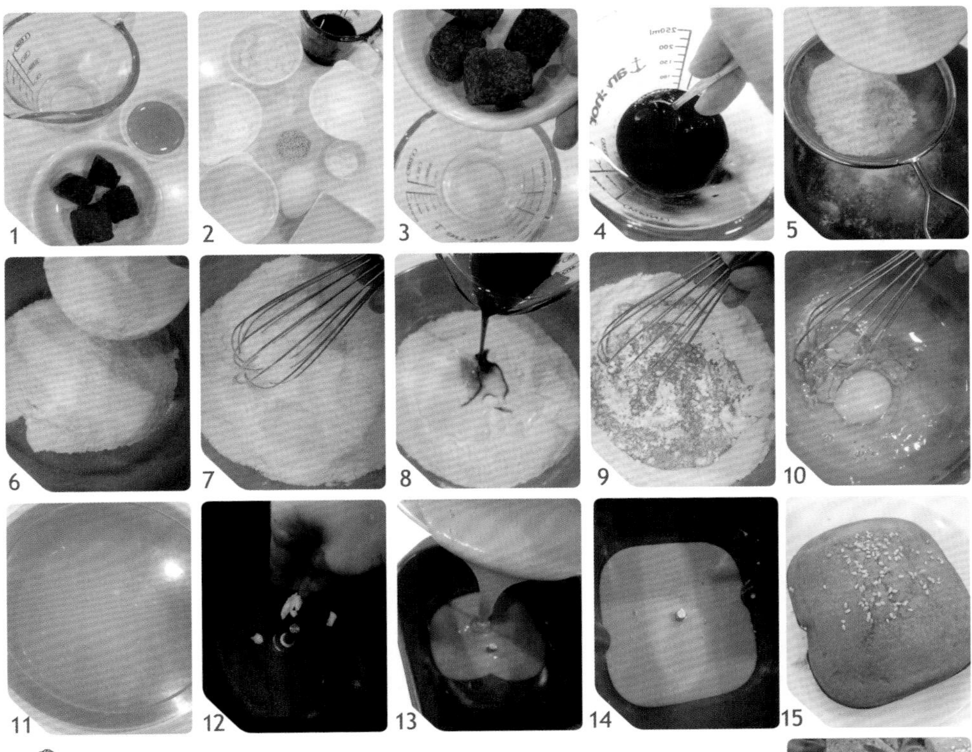

做法

1.黑糖及蜂蜜倒入沸水中，搅匀至溶化，放凉。（图3、4）

2.中筋面粉、泡打粉混合均匀，用滤网过筛。（图5）

3.加入在来米粉、糯米粉混合均匀。（图6、7）

4.倒入黑糖液，搅拌均匀。（图8、9）

5.加入鸡蛋、牛奶及液体植物油，搅拌均匀成面糊。（图10）

6.密封静置30分钟。（图11）

7.取下面包机内锅的搅拌棒，在内锅的内壁上涂抹一层液体油（另取，不在配料表中）。（图12）

8.面糊倒入内锅中。内锅外面包覆铝箔纸，再将内锅放回面包机中安装好。选择自订行程“烘烤”功能（烤色“浅色”或“中色”）22~25分钟。设定时间到，用竹签插入中心，拔出时没有粘上面糊即可。（图13、14）

9.趁热撒上熟白芝麻，从内锅中倒出。（图15）

10.切成块状食用。（图16）

小叮咛

✓竹签插入黑糖糕中心，若拔出时粘有面糊，可延长烘烤时间2~3分钟。

✓黑糖可以用其他糖代替，用量可以自行调整。

✓牛奶可用水代替。

稻荷寿司

各式各样的寿司，
我却钟情于朴素的稻荷寿司。

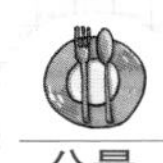

分量

约 3~4 人份

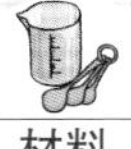

材料

水100毫升　二砂糖（或细砂糖）35克　酱油20克
三角炸豆腐包100克（图1）

甜醋饭

热白饭200克（做法请参考本书p.203）
白醋20毫升　细砂糖1大匙　熟黑芝麻适量（图2）

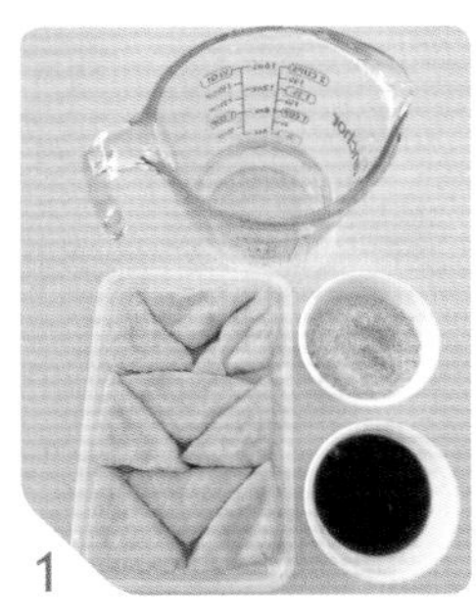
1

2

3

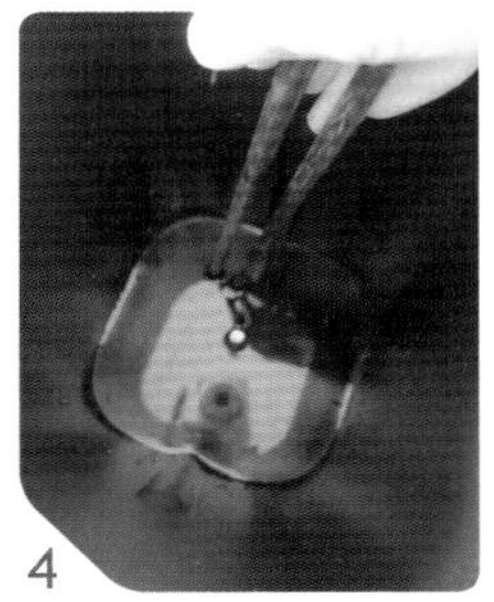
4

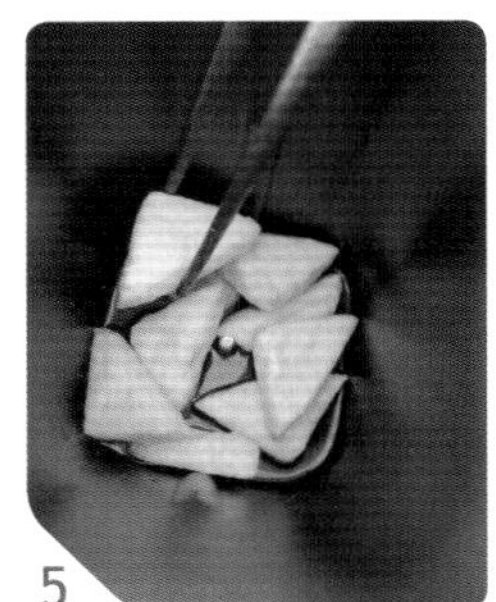
5

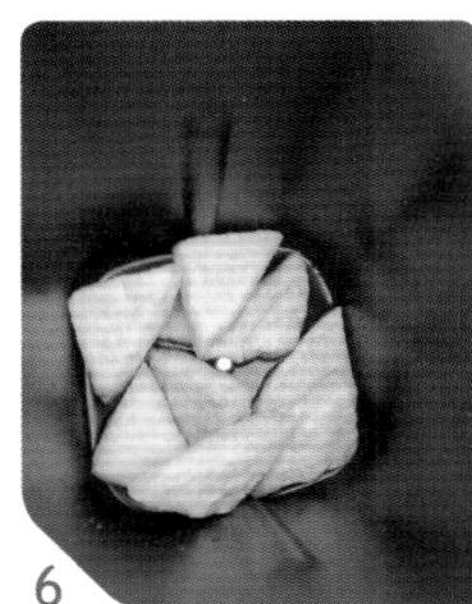
6

7

做法

1. 取下面包机内锅的搅拌棒，依次将所有的水、二砂糖及酱油放入内锅中，并搅拌均匀。（图3、4）
2. 再放入三角炸豆腐包，放回面包机中安装好。（图5、6）
3. 选择自订行程“烘烤”功能（烤色“中色”或“深色”）30~35分钟，煮至汤汁收干即可。取出三角炸豆腐包放凉，挤出多余的汤汁。（图7）

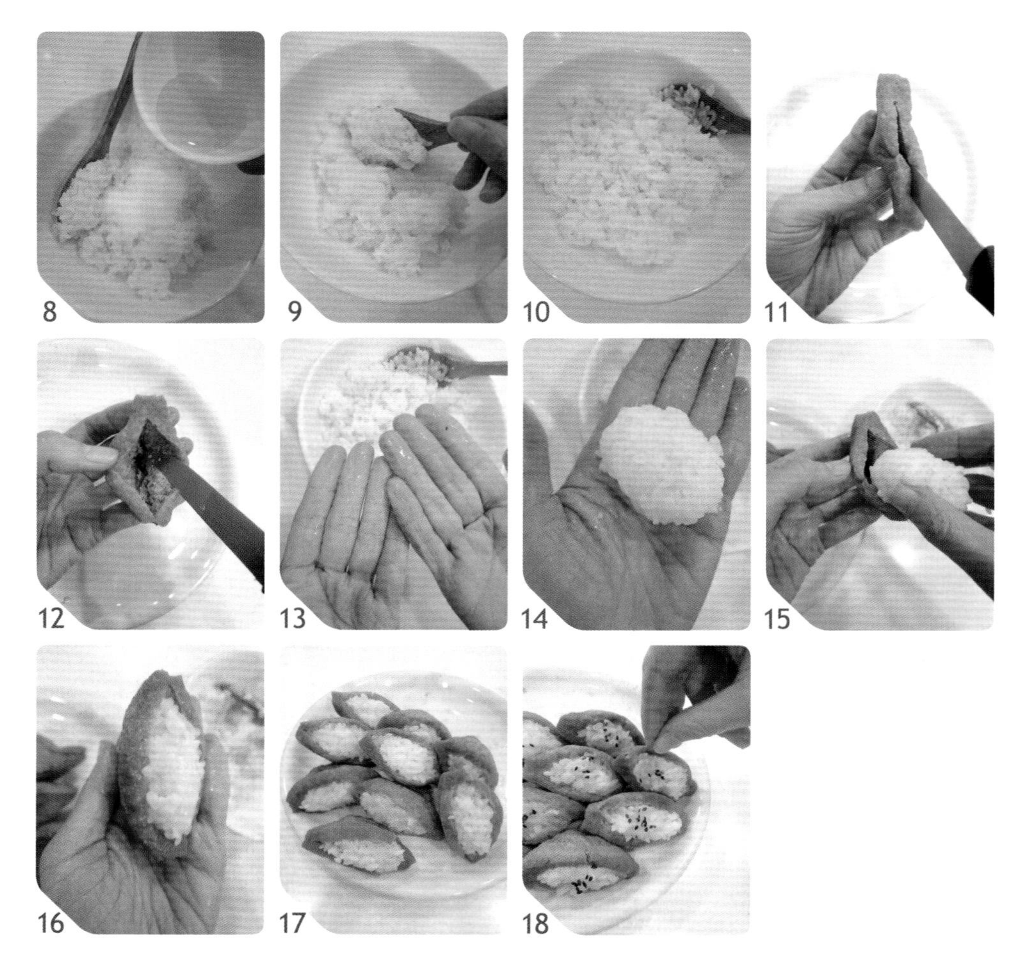

5.热白饭与白醋、细砂糖混合均匀，放凉。（图8~10）
6.将三角炸豆腐包中间切开，不要切断。（图11、12）
7.手上沾点儿水，将甜醋饭捏成团。（图13、14）
8.将甜醋饭团填入三角炸豆腐包中，撒些熟黑芝麻即成。（图15~18）

小叮咛

✓可以自行增减“烘烤”时间。
✓咸甜度请依照个人喜好调整。

第五篇

面包机之菜肴篇

常见肉类包括猪肉、牛肉、羊肉
以及鸡肉、鸭肉、鹅肉等，
常见海鲜包括鱼、虾及软体类动物等，
这些食物为人体提供充足的蛋白质、脂肪，
还有矿物质和维生素……
搭配蔬菜一起烹调，就能够组合出
营养均衡又美味的料理。

红烧肉

妈妈手做美食的味道
会永远留在孩子心中。

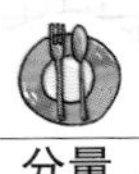

分量

约
2~3
人份

材料

胡萝卜1条（约150克）
猪前腿肉300克　　水200克
姜2~3片　　蒜头3~4瓣　　八角2颗
（图1）

调味料

米酒2大匙　　酱油2大匙
盐1/2茶匙　　白糖1/2大匙
白胡椒粉1/4茶匙
（图1）

做法

1.胡萝卜去皮，切成块状。猪前腿肉切成2.5厘米见方的块状。（图2、3）
2.取下面包机内锅的搅拌棒，依次将水、胡萝卜、猪前腿肉块及所有的调味料放入内锅中，混匀。（图4~8）
3.内锅外面包覆铝箔纸，放回面包机中安装好。选择自订行程“烘烤”功能（烤色“中色”或“深色”）60分钟，焖煮至肉软烂即可。（图9、10）

小叮咛

√设定时间到，若觉得肉块不够软烂，可以自行增加“烘烤”时间。
√菜品咸甜可以依照个人喜好调整。

咸蛋蒸肉饼

每天为准备三餐伤透脑筋？
咸蛋蒸肉饼咸香滋味好下饭。

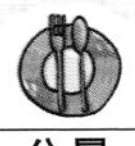

分量

约
2
人份

材料

咸蛋1个　咸蛋黄1个　香葱3~4棵
姜3~4片　猪绞肉300克
太白粉1大匙　鸡蛋1个（图1）

调味料

米酒1大匙
酱油1/2大匙
白胡椒粉1/4茶匙

做法

1. 咸蛋切碎末。咸蛋黄切成4等份。香葱切葱花。姜切末。（图2）
2. 除咸蛋黄外所有材料与调味料混合均匀成肉馅。（图3~5）
3. 取下面包机内锅的搅拌棒，将肉馅放入内锅中，表面抹平整，放上咸蛋黄并将其压入肉馅中。（图6、7）
4. 内锅外面包覆铝箔纸，放回面包机中安装好。选择自订行程“烘烤”功能（烤色“中色”或“深色”）30~35分钟至肉馅熟透。（图8）
5. 用平匙将蒸肉饼取出即可。（图9）

小叮咛

✓设定时间到，若觉得肉馅不够熟，可以自行增加“烘烤”时间。
✓咸度请依照个人喜好调整。

蜜汁叉烧肉

软嫩的口感，
完美的色泽，
绝对不输烧腊店的美味。

分量

约

3~4

人份

材料

细葱1根　鸡蛋1个

蒜头2~3瓣　姜2~3片

猪梅花肉块400克（图1）

调味料

米酒1大匙　酱油1大匙

麻油1大匙　蚝油1大匙

蜂蜜1.5大匙　盐1/4茶匙

做法

1. 细葱切段。蒜头切片。姜切丝。（图2）
2. 猪梅花肉块中加入葱段、蒜片、姜丝、鸡蛋及所有的调味料，仔细混合均匀。（图3~6）
3. 密封，放入冰箱冷藏，腌渍3天入味（中间可以翻面数次）。（图7）
4. 腌渍完成后从冰箱取出，室温下放置4~5小时使之回温。（图8）
5. 取下面包机内锅的搅拌棒，将猪梅花肉块放入内锅中。（图9）
6. 内锅外面包覆铝箔纸，放回面包机中安装好。选择自订行程“烘烤”功能（烤色“浅色”或“中色”）30~35分钟。时间到，用竹签插入肉块中心，若无血水流出即可。（图10）
7. 将烤好的叉烧肉切成片状食用。（图11）

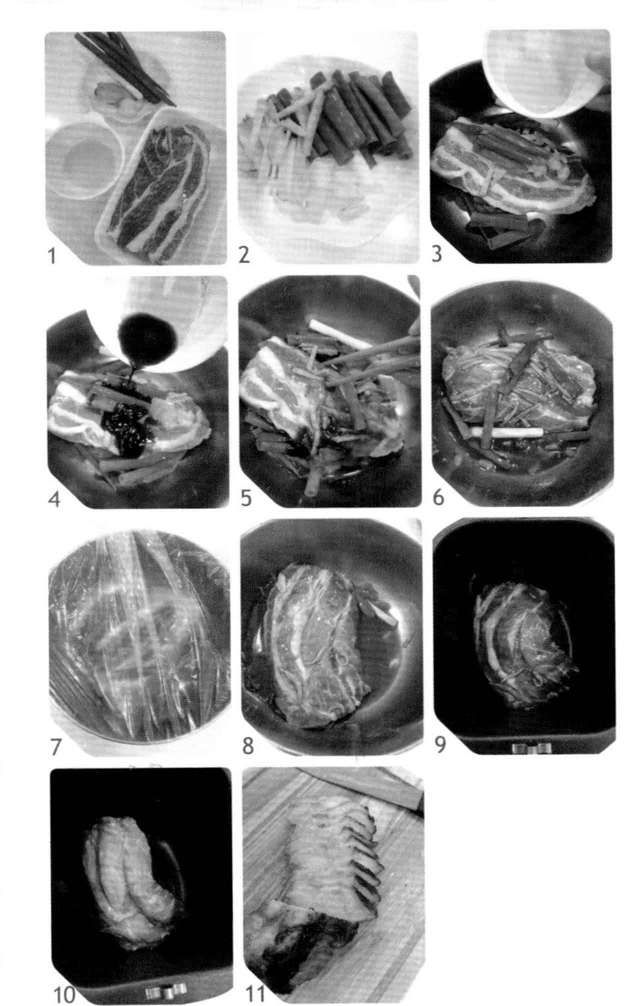

小叮咛

√竹签插入肉块中心时若有血水流出，可延长烘烤时间5~10分钟。

√蜂蜜可用糖代替，用量可以自行调整。

√从冰箱里取出的肉务必先回温至室温再烤，才烘烤得透。

香草蔬菜炖鸡

综合香草香味丰富迷人，
最适合使用在西式料理中。

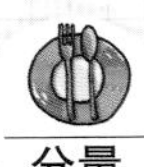

分量

约

2~3

人份

材料

洋葱1/4个　土豆1/2个（约100克）

胡萝卜1/2条（约100克）　海鲜菇50克

蒜头2~3瓣　切块鸡腿肉200克

花椰菜50克　水50克

干欧芹适量（盛盘装饰用）（图1）

调味料

橄榄油1/2大匙

盐1/2茶匙

干燥综合香草1/4茶匙

（图1）

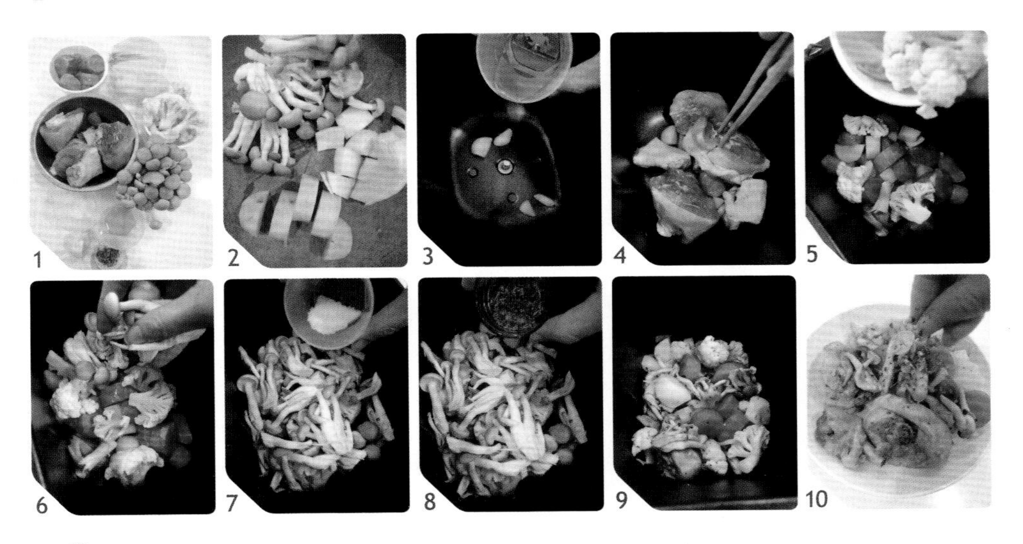

做法

1.洋葱切块；土豆、胡萝卜去皮，切块；海鲜菇剥散开；蒜头切片。（图2）

2.取下面包机内锅的搅拌棒，将所有材料和调味料倒入内锅中，稍微混合均匀。（图3~8）

3.内锅外面包覆铝箔纸，放回面包机中安装好。选择自订行程“烘烤”功能（烤色“中色”或“深色”）蒸煮50分钟。蒸煮到25分钟时按下“暂停”键，打开铝箔纸，将材料上下翻匀，再包覆铝箔纸，按下“开始”键，继续焖煮25分钟至材料熟软即可。（图9）

4.盛盘，撒上些许干欧芹。（图10）

小叮咛

√设定时间到，若觉得材料不够熟软，可以自行增加“烘烤”时间。

√咸淡请依照个人喜好调整。

√若希望烘烤时间缩短，可以先将鸡肉去骨。

白葡萄酒蒸文蛤

白葡萄酒香，文蛤肥美，
挡不住的鲜甜海味！

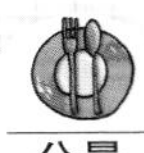

分量

约 2 人份

材料

文蛤400克　香葱适量
白葡萄酒50克　无盐黄油10克
（图1）

调味料

盐1/4茶匙
（图1）

做法

1.将文蛤用盐水泡1小时使其吐沙；香葱切末。（图2、3）
2.取下面包机内锅的搅拌棒，依次将文蛤、白葡萄酒及调味料倒入内锅中，混合均匀。（图4~6）
3.内锅外面包覆铝箔纸，放回面包机中安装好。选择自订行程“烘烤”功能（烤色“中色”或“深色”）15~20分钟，蒸煮至文蛤的壳张开即可。（图7）
4.打开铝箔纸，趁热加入无盐黄油混合均匀，装盘。（图8、9）
5.撒上些许香葱末即成。（图10）

小叮咛

✓设定时间到，若文蛤没有张开壳，可以自行增加“烘烤”时间。

奶油蔬菜烤鱼

鱼肉清淡，搭配多样蔬菜，
适合爱漂亮的你！

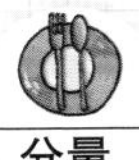

分量

约

3~4

人份

材料

鱼肉250克　洋葱1/4个　甜椒1/2个

海鲜菇100克　无盐黄油15克

干欧芹适量（盛盘装饰用）（图1）

调味料

盐1/3茶匙

黑胡椒粉1/8茶匙

（图1）

做法

1. 鱼肉切大块，加入一半调味料混合均匀。（图2、3）
2. 洋葱切丝；甜椒切条；海鲜菇剥散开。（图4、5）
3. 取下面包机内锅的搅拌棒，将洋葱及甜椒铺放在内锅中，加入剩余调味料。（图6、7）
4. 再放入鱼片及海鲜菇，最后放无盐黄油。（图8~10）
5. 内锅外面包覆铝箔纸，放回面包机中安装好。选择自订行程“烘烤”功能（烤色“中色”或“深色”）25~30分钟，蒸煮至鱼肉熟透。（图11）
6. 盛盘，撒上些许干欧芹即可。（图12）

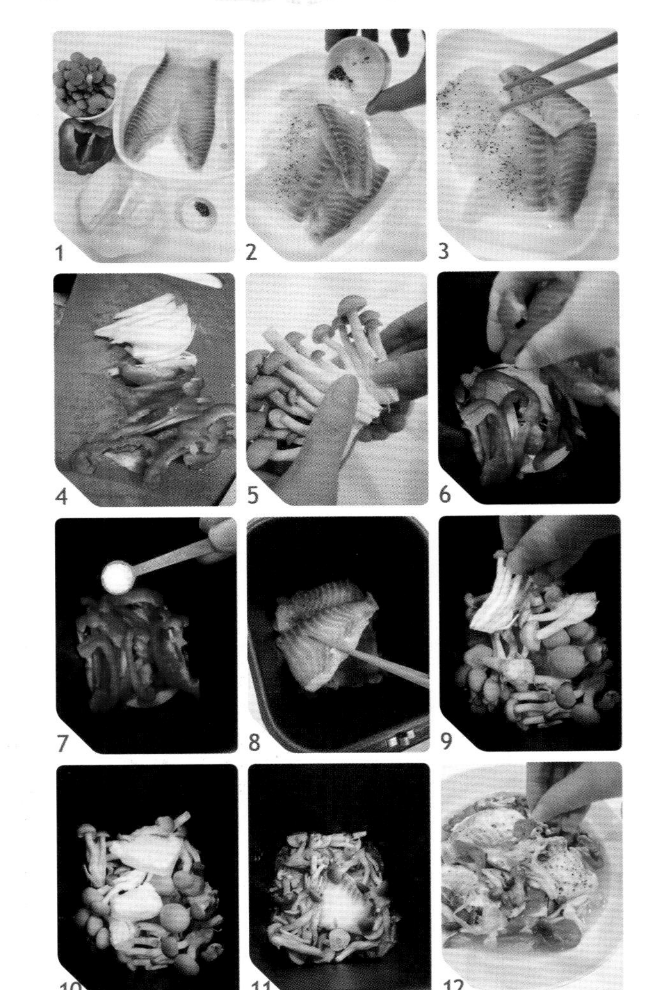

小叮咛

✓鱼要选择肉为白色的品种，如多宝鱼等，不要用三文鱼等深色的鱼肉。

✓设定时间到，若觉得材料不够熟软，可以自行增加“烘烤”时间。

✓咸淡请依照个人喜好调整。

药膳蒸虾

加了当归和枸杞，
虾子料理好鲜甜。

分量

约 2~3 人份

材料

白虾250克
当归1片
枸杞1茶匙
黄芪片20克
（图1）

调味料

盐1/4茶匙
米酒 2大匙
（图1）

做法

1. 白虾去虾线；药材（当归、枸杞、黄芪片）冲水，沥干。（图2）
2. 取下面包机内锅的搅拌棒，依次将白虾、盐及所有的药材倒入内锅中，将米酒淋洒在表面。（图3~5）
3. 内锅外面包覆铝箔纸，放回面包机中安装好。选择自订行程“烘烤”功能（烤色“中色”或“深色”）20~22分钟，蒸煮至虾肉熟透即可。（图6）

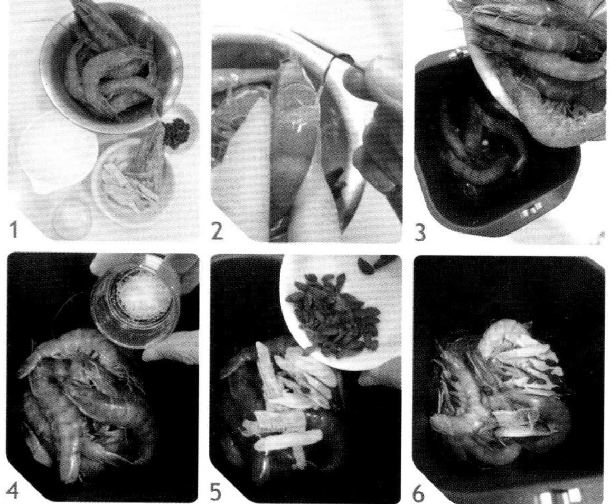

小叮咛

√可以自行增减“烘烤”时间。
√咸度请依照个人口味调整。

照烧南瓜

南瓜含丰富的维生素、矿物质，是极好的超级蔬菜。

分量

约2~3人份

材料

南瓜500克
姜2~3片
水50克
（图1）

调味料

米酒1大匙
白糖1/2大匙
酱油1大匙（图1）

做法

1. 南瓜连皮刷洗干净，挖去瓤，切成块。（图2）
2. 取下面包机内锅的搅拌棒，将南瓜、姜片、水及所有的调味料放入内锅中。（图3~5）
3. 内锅外面包覆铝箔纸，放回面包机中安装好。选择自订行程“烘烤”功能（烤色“中色”或“深色”）40分钟，蒸煮至南瓜熟软即可。（图6）

小叮咛

✓设定时间到，若觉得南瓜不够熟软，可以自行增加“烘烤”时间。
✓咸甜请依照个人喜好调整。

蔬菜蛋饼

来份材料丰富、色彩缤纷
的蔬菜蛋饼，
早餐午餐一次性解决。

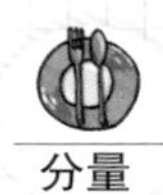

分量

约
3~4
人份

材料

红甜椒1/4个　黄甜椒1/4个
南瓜30克　西蓝花30克
鸡蛋（室温）3个（图1）

调味料

盐1/4茶匙　黑胡椒粉1/8茶匙
橄榄油1/2大匙（图1）

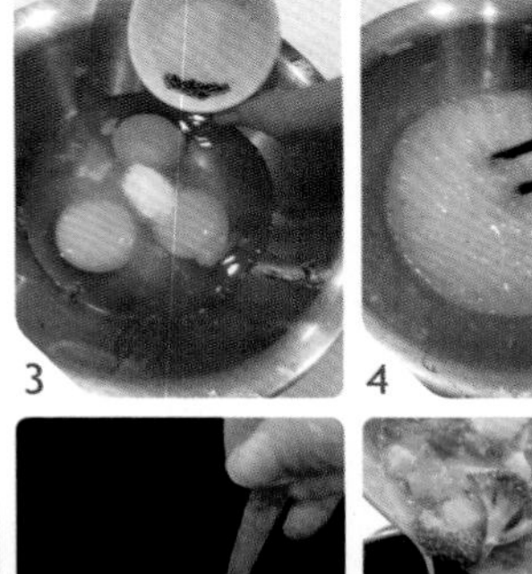

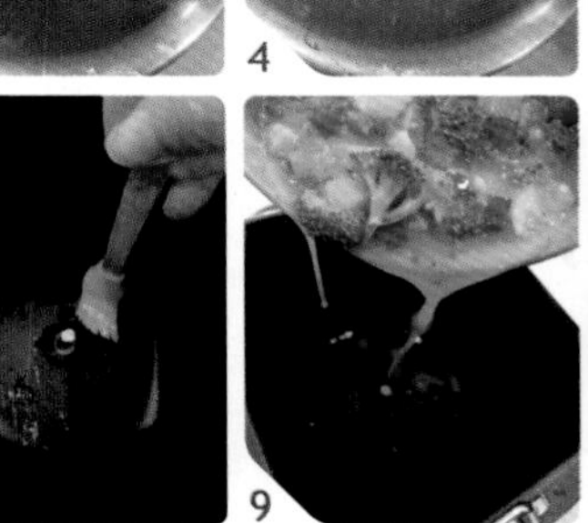

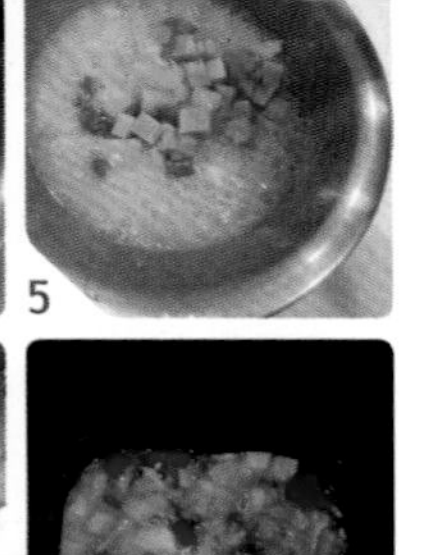

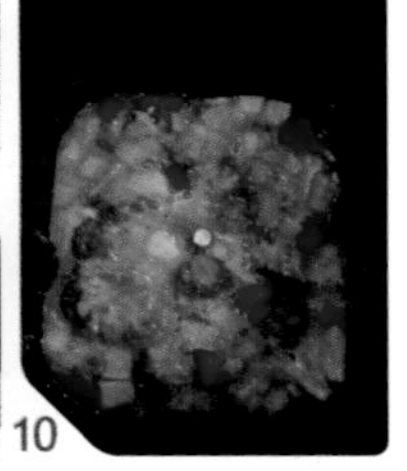

做法

1.红、黄甜椒切丁；南瓜去皮切丁；西蓝花切小朵。（图2）
2.鸡蛋液加盐、黑胡椒粉混合均匀。（图3、4）
3.再加入所有的蔬菜混合均匀。（图5~7）
4.取下面包机内锅的搅拌棒，再倒入橄榄油涂抹均匀。（图8）
5.将蔬菜蛋液倒入内锅中，再放回面包机里。（图9、10）
6.选择“烘烤”功能（烤色“中色”或“深色”）25分钟，至熟透即可。（图11、12）

小叮咛

✓可以自行增减“烘烤”时间。
✓咸度请依照个人喜好调整。

西班牙土豆蛋饼

土豆蛋饼可以直接作为主食，
不想做饭时，
就煎个营养满点的蛋饼吧。

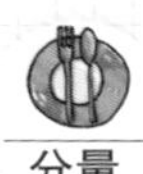

分量

约

3~4

人份

材料

土豆1个（约200克） 洋葱1/4个（约50克）
水200克（煮土豆用） 鸡蛋（室温）2个
（图1）

调味料

盐1/3茶匙
橄榄油1/2大匙
（图1）

1

2

3

4

5

6

做法

1.土豆切片；洋葱切丝。（图2）
2.取下面包机内锅的搅拌棒，将土豆、水放入内锅中。（图3）
3.内锅外面包覆铝箔纸，放回面包机中安装好。
4.选择自订行程“烘烤”功能（烤色“中色”或“深色”）25~30分钟，焖煮至土豆熟软，再滗掉水。（图4）
5.鸡蛋加盐混合均匀。（图5、6）

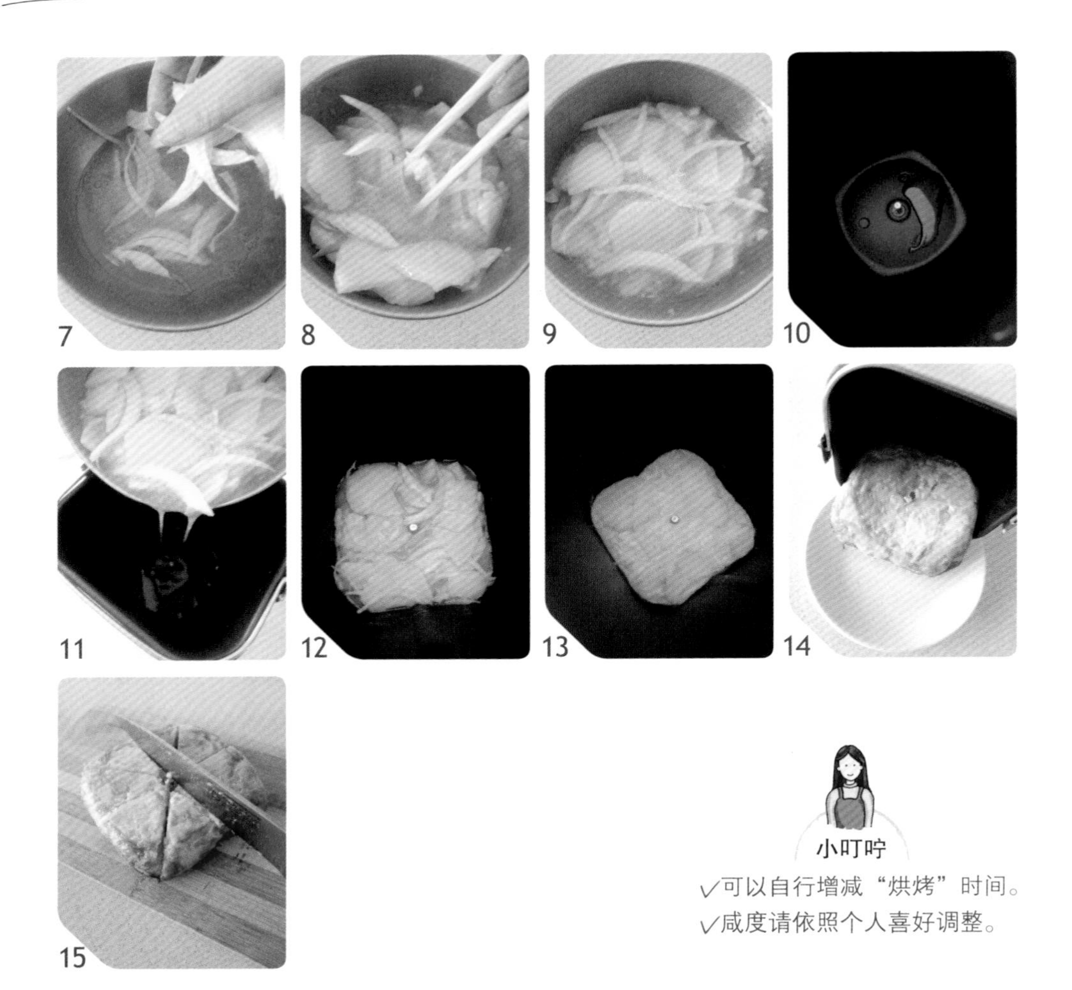

小叮咛

✓可以自行增减“烘烤”时间。

✓咸度请依照个人喜好调整。

6.再加入洋葱丝和煮软的土豆混合均匀。（图7~9）

7.内锅倒入橄榄油涂抹均匀。（图10）

8.将蔬菜蛋液倒入内锅中，再放回面包机里。（图11、12）

9.选择自订行程“烘烤”功能（烤色“中色”或“深色”）25分钟，蒸煮至熟透即可。（图13）

10.倒出切块食用。（图14、15）

第六篇

面包机之汤煲篇

一碗好汤是一餐中完美的句点，
无论是搭配中式餐点的养生鸡汤，
还是搭配西式料理的浓郁的罗宋汤，
都为餐桌带来温暖的心意，
同时为你补充元气。

红豆薏仁汤

去水肿又补充铁质，
红豆薏仁汤让你好喝又营养！

分量

约
2~3
人份

材料

红豆50克　薏仁50克
水（浸泡材料用）600克
二砂糖50克（图1）

小叮咛

✓行程结束后若觉得红豆不够软烂，可自行增加“烘烤”时间。
✓甜度可以依照个人喜好调整。

做法

1.红豆与薏仁清洗干净，各加入300克水浸泡一夜。（图2、3）
2.取下面包机内锅的搅拌棒，将红豆、薏仁及浸泡的水倒入内锅中。（图4）
3.内锅外面包覆铝箔纸，再放回面包机中安装好。选择自订行程“烘烤”功能（烤色“深色”或“中色”）90分钟，焖煮至小红豆软烂。（图5）
4.加入二砂糖混合均匀即可。（图6、7）

绿豆仁清热解毒，
大麦仁滑溜有口感，
冷吃热食任君喜欢。

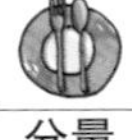

分量

约

2~3

人份

材料

绿豆仁100克　　大麦仁50克

水（浸泡材料用）600克

二砂糖40克（图1）

小叮咛

✓行程结束后若觉得材料不够软烂，可自行增加“烘烤”时间。

✓甜度可以依照个人喜好调整。

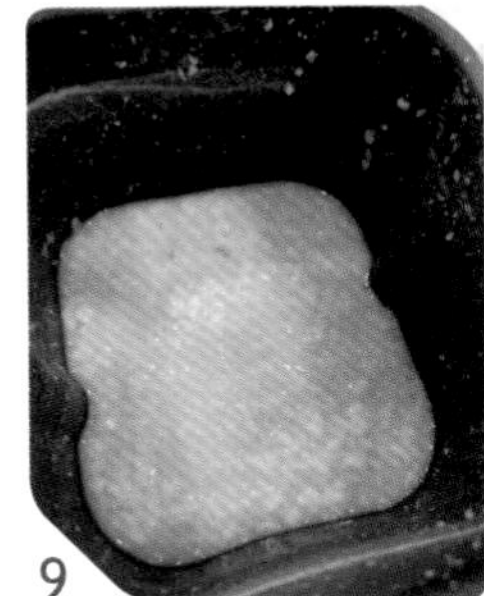

做法

1.绿豆仁与大麦仁清洗干净，各加入300克水浸泡2小时。（图2）

2.取下面包机内锅的搅拌棒，将绿豆仁、大麦仁及浸泡的水倒入内锅中。（图3~5）

3.内锅外面包覆铝箔纸，再放回面包机中安装好。

4.选择自订行程“烘烤”功能（烤色“深色”或“中色”）50分钟，焖煮至材料软烂。（图6）

5.加入二砂糖混合均匀即可。（图7~9）

当归鸡汤

寒冷的天气，
一盅好汤让你既暖心又暖身。

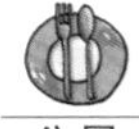

分量

约 2~3 人份

材料

切块鸡腿300克　当归1片
红枣7~8颗　枸杞1茶匙
水800克（图1）

调味料

米酒1大匙
盐3/4茶匙

做法

1. 取下面包机内锅的搅拌棒，将切块鸡腿、当归、红枣、枸杞、水及所有调味料放入内锅中，混合均匀。（图2~6）
2. 内锅外面包覆铝箔纸，放回面包机中安装好。选择自订行程“烘烤”功能（烤色“深色”或“中色”）80分钟，煮至所有材料软烂即可。（图7）

小叮咛

✓行程结束后若觉得食材不够软烂，可以自行增加“烘烤”时间。
✓水量多寡可以依照个人喜好调整，水越多则所需时间越久。

罗宋汤

料丰味美，
搭配面包就是完美的一餐！

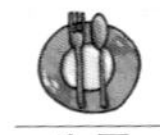

分量

约
2~3
人份

材料

番茄100克　圆白菜100克　西芹30克
土豆60克　洋葱30克　胡萝卜50克
牛嫩肩里脊肉100克　水600克
月桂叶1片（图1）

调味料

盐3/4茶匙
黑胡椒粉1/8茶匙
番茄酱2大匙
（图1）

做法

1.所有蔬菜皆切成约0.5厘米见方的小丁。（图2）
2.牛嫩肩里脊肉切小丁。（图3）
3.取下面包机内锅的搅拌棒，将所有的蔬菜、牛嫩肩里脊肉、水、月桂叶及所有的调味料放入内锅中，混合均匀。（图4~8）
4.内锅外面包覆铝箔纸，放回面包机中安装好。选择自订行程“烘烤”功能（烤色“深色”或“中色”）80分钟，煮至所有材料软烂即可。（图9）

小叮咛

✓行程结束后若觉得食材不够软烂，可以自行增加“烘烤”时间。
✓水量多寡可以依照个人喜好调整，水越多则所需时间越久。

四神汤

夜市小吃在家里经典重现。

分量

2~3

人份

调味料

米酒50克

盐1/2茶匙

（图1）

材料

猪小肠200克

面粉适量

（清洗小肠用）

市售四神料包

1包（90克）

水600克（图1）

做法

1. 猪小肠用面粉搓揉洗净，切除内层油脂，然后切段。取下面包机内锅的搅拌棒，将猪小肠、四神料包、水及所有的调味料放入内锅中，混合均匀。（图2~5）
2. 内锅外面包覆铝箔纸，放回面包机中安装好。选择自订行程“烘烤”功能（烤色“深色”或“中色”）90分钟，煮至所有材料软烂即可。（图6）

小叮咛

✓行程结束后若觉得食材不够软烂，可以自行增加“烘烤”时间。

✓水量多寡可以依照个人喜好调整，水越多则所需时间越久。

图书在版编目（CIP）数据

面包机新手必备的第一本书 / 胡涓涓著. —青岛：青岛出版社, 2017.9

ISBN 978-7-5552-5729-5

Ⅰ.①面… Ⅱ.①胡… Ⅲ.①食谱 Ⅳ.①TS972.12

中国版本图书馆CIP数据核字（2017）第173429号

书　　名　面包机新手必备的第一本书
著　　者　胡涓涓
出版发行　青岛出版社
社　　址　青岛市海尔路182号（266061）
本社网址　http：//www.qdpub.com
邮购电话　13335059110　0532-68068026
策划编辑　周鸿媛
责任编辑　杨子涵
特约校对　王　燕　李靖慧
设计制作　潘　婷
封面设计　任珊珊
印　　刷　青岛海蓝印刷有限责任公司
出版日期　2019年8月第1版　2019年8月第1次印刷
开　　本　16开（787mm × 1092mm）
印　　张　16
字　　数　200千
图　　数　2000幅
书　　号　ISBN 978-7-5552-5729-5
定　　价　58.00元

编校印装质量、盗版监督服务电话　4006532017　0532-68068638
建议陈列类别：生活类 美食类